風車工學入門

－從基礎理論到風力發電技術－

牛山　泉　著

林　輝政　審定

■作者介紹
牛山　泉　工學博士
足利工業大學校長

■審定者介紹
林輝政　博士
國立台灣大學工程科學及海洋工程學系教授
國立澎湖科技大學校長

翻譯編輯群成員：
朱紹萱
林冠緯
蔡宜澂
林　潔
曾雅秀

譯　序

　　2007~2008 全球油價的大起大落，讓許多人驚覺到地球資源有限，大量開發、大量製造、大量消費與大量廢棄的現代生活模式是否得當，是該被檢討了。尤其是缺乏天然資源的台灣，石油價格的大幅波動，除了深深影響台灣工商業的發展外，令人驚訝的是，也重傷了我們的漁業，有漁人之島稱號的－澎湖(Pescadores)，許多漁船因為油價太貴而不能出海，漁夫生計深受影響。此外，大量石化燃料的使用，地球暖化的後果，恐怕大部份的澎湖群島終將消失在海平面下。

　　2005 年本人有幸從台灣大學借調回故鄉澎湖，擔任澎湖科技大學校長。冬天的澎湖，除了強風之外，百業蕭條。回憶小時候，冬天頂著寒風走路，身軀必須往前傾斜約 15°的角度才能前進。小學時，前方的小山坡上矗立一座應是台灣最早的風力發電機（見附圖），每天看著它轉啊轉的，只是覺得好玩。今天，全球各地卻以驚人速度矗立了許多大型風機。因此腦中常常思考，澎湖除了海產與觀光之外，可不可能開創第三項產業－風能。從

因時間久遠，照片來源已不可考
謹在此向當年拍攝者致謝

台電的相關資料來看，答案是相當肯定的。因此接受工研院能環所的建議，參酌日本足利工業大學，在澎湖科技大學設立全國唯一的風力公園(Wind park)，作為師生教學、研究、實作場地，目前已有十幾座小型風機運轉，且都與市電並聯，將風機所發的電力併入學校使用，未來尚待繼續擴充，期能培養更多風能專業人才，並帶動澎湖未來風能產業的發展。

　　2008 年 10 月與同仁拜訪日本足利工業大學，牛山　泉校長熱情接待，

除了派專人介紹該校的「風和光的廣場」、「迷你、迷你博物館」外，也介紹多本風能著作，並贈送其著作中之「風車工學入門」（見附圖），這是一本相當適合初學者、或者是教科書使用，經徵求其同意，在台灣翻譯並出版。歷經 4 個月時間的初譯、複譯、校稿與排版，終能完成。除了感謝牛山　泉校長與日本森北出版社同意授權外，在此要感謝翻譯編輯群的朱紹萱、蔡宜澂、林冠緯、林潔、曾雅秀等的翻譯、編輯、校稿與排版、同仁吳元康教授、翁進坪教授與吳文欽教授的協助。書中外文的人名與地名部份，因無正確英文資料，雖以中英對照呈現，唯英譯不一定正確，請讀者包涵。翻譯內容，雖經多次校對與潤稿，錯誤在所難免，尚祈讀者先進隨時指正。

林　輝政

2009.3.31

前　言

　　本書是做為風車工學此種嶄新的跨學科工程領域的入門書。

　　雖然因頁數限制無法詳細解說，但要讓讀者瞭解風能及利用風車技術的工程思考觀點，要獲得大略的知識，我認為這本書是大有助益的。

　　最近世界各地開始盛行風力發電，在風力發電的先進國家有出版許多優異的風能利用參考書，但是卻幾乎看不到適合專科、大學、研究所或是企業界的年輕設計師的入門書。本書是筆者歷經 20 年，根據研究室諸位學生參加研討會使用的資料彙整而成。特別是國外的友人，荷蘭 SWD 的 E.H. 李爾森及美國德州農工大學的 V.尼爾森教授所提供的資料有很大的助益。

　　另外，我國此領域的先驅東京大學名譽教授東召老師、產業技術綜合研究所松宮煇主任、東海大學綜合科學研究所關和市教授，以及風力發電研究會和委員會等大學、研究所或是企業等各方人士的教導，在此向協助的各位表示感謝之意。

　　並且，於此向筆者就讀上智大學大學部、研究所時期的已故恩師田中敬吉老師，以及研究所畢業後進行研究時給予許多指導的慶應義塾大學名譽教授佐籐豪老師（前金澤工業大學校長），再次致上最深的感謝。

　　本書為了以淺白易懂的方式呈現，依筆者的經驗，使用大量的圖表，也列出許多例題，下了許多功夫讓讀者能夠深入理解。因此，有數個改變觀點或重複說明的部份，煩請多多見諒。遵循風能關係技術人員的習慣及容易換算的慣例，單位是以 SI 單位為基準，也有部份是使用過去的工學單位。

　　關於本書的執筆，開始有這個想法大約是 6 年前的事情，那時候，因筆者公務繁忙，森北出版社的廣木敏博、上島秀幸先生耐心的等待並且幫忙出版相關事宜，在此表示感謝。另外，也感謝協助繪製圖表及審

核原稿的足利工業大學機械工學科的同事中条祐一助教授、本學綜合研
究所中心客座研究員根本泰行（NEDO 研究員）及研究所的大黑靖之先
生。

　　如果本書能夠帶給對風力發電有興趣的各位任何幫助是我的榮幸，
特別是肩負未來的年輕人們，若能透過本書理解風能利用的優點，發揮
創造力，實現社會的永續經營，沒有比此更令人開心的事了。

　　　　平成 14 年 7 月

　　　　　　　　　　　　　　　　　　　　　　　　　　牛山　　泉

目　次

第 1 章　序論

　　人類從狩獵時代開始，而後學會農耕，開始定居的生活。營建村落後，社會的歸屬意識漸漸增強，製造出許多道具，慢慢地轉變成工業化社會。人們開始重視生產性，將眼睛可看的到的物品稱為業績，最終先進國充斥著各式物品。

　　20 世紀後半達到大量生產、大量消費，以及大量廢棄的物質文明頂點。關於能源，將煤、石油、天然瓦斯這類的化石燃料當作熱水使用，最後只能以核能發電為賭注，可說是 20 世紀的「放蕩兒子」。

　　放蕩兒子(Prodigal Son)的故事是聖經中最常被引用的一段。分得父親財產的兒子，過著放蕩的奢侈生活，而用盡了財產，終於醒悟過來，身無一文的回到了故鄉，本應該生氣的父親卻開心的迎接兒子（路加福音第 15 章）

　　我們也必須要脫離化石燃料的奢侈使用，回歸能源之父－太陽能為首的可再生自然能源，這是人類永續發展的必要條件。

　　自然能源當中，風力發電在 20 世紀末 10 年左右，短時間便在設置台數及累積容量上有顯著的發展，超大型的風車及海上風力發電等技術的進展幅度也令人吃驚。在風況良好的地點，發電成本也可以與舊型發電系統達到相當的競爭力。考量到環境成本，則風能更具備優勢，與巨大螺旋翼的象徵效果結合，國內外最受矚目的便是風力發電了。

　　要評估世界風力發電實力的話，2000 年全世界所消耗的能源換算成石油為 8600×10^6 噸，換算為電力約 40000TWh，另一方面，全世界在 2001 年末的風力發電設備容量約 2000 萬 kW，若假設設備使用率為 25%，可推算出全世界一年風力發電量約 40GWh。將這兩者比較，風力發電僅佔了全世界一次性能源的 0.1%左右。但是，丹麥或德國北部的風力發電

已經可以提供總電力需求 10%以上的電力，EU 各國定下在 2010 年達到可再生能源占一次性能源 12％、佔總電力需求 22%的目標。再者，在 EU 的可再生能源計畫中，到 2010 年會將風力能源提昇至 4000 萬 kW，最近 EWEC（歐洲風能協會）再將這個目標向上修正，設為 2010 年將有 6000 萬 kW、2020 年將有 15000 萬 kW 的電力。美國的能源部決定在 2020 年全美的電力將有 5％由風力發電提供，以發電規模而言，預估 2010 年時有 1000 萬 kW、2020 年時有 8000 萬 kW 發電量。

　　由上述資料顯示，歐美在 2010 至 2020 年間，將由風力發電提供總發電量的 5～10%，可謂風力發電時代的來臨。如圖 1.1 所示。

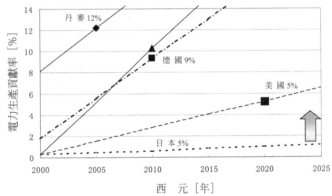

圖 1.1　世界風力開發目標（電力生產貢獻率）
（產業技術綜合研究所松宮輝製作）

　　另一方面，對於缺乏風力發電實際成果的日本，在 2001 年 7 月發表了 2010 年為止風力發電目標由本來的 30 萬 kW 增加了一位數，決定破例向上修正成為 300 萬 kW。以此為根據，在 2010 年時能提供一次性能源的 0.2%。電力佔一次性能源的 40%左右，而風力發電佔電力需求的 0.5%。應該為日本努力防止地球暖化的國際貢獻感到慶賀，但相對於此，日本現有的風況、電力網、社會狀況等風車相關議題漸漸浮現。為此，培育風力發電技師是當務之急。

　　從風力先進國的趨勢來看，長期而言，在日本 10%程度的電力供給

是必要的。具體而言，積極防止地球暖化的藍圖是在 2010 年達到 300 萬 kW（一次性能源的 0.2%）、2030 年達到 6000 萬 kW（一次性能源的 4%、電力的 10%）、2050 年達到 60000 萬 kW（一次性能源的 20%）。因此，2010 年要達到 300 萬 kW 的前提下，海上風力發電的開發是不可欠缺的。

葡萄牙最西端的羅卡角(Cabo da Roca)刻有「陸止於此、海始於斯」文字的石碑，這是賈梅士(Camoes)在 1572 年寫的詩「路濟塔尼亞人之歌」中的一節，稱頌瓦斯科‧達伽馬(Vasco da Gama)的偉業。達伽馬(da Gama)或麥哲倫(Magallanes)的貢獻讓當時位於歐陸極西地帶，幾乎要被捨棄的小國－葡萄牙，變成朝向海洋發展的富裕國家。

應該向位於遠東地區的小國－日本傳達風力發電在 21 世紀必須從陸地發展至海洋這個觀念。日本並不是被海所圍繞著，而是要向海洋擴展。日本是海岸線總長超過 3 萬 km 的海島國家，分析沿岸地區的風況資料後，海上風力發電的潛能非常的大，如果不朝此方向開發，日本對防止地球暖化不會有有效的貢獻。以日本沿岸淺海地區特有的海底狀況為基礎，加上歐洲實行的離岸式風力發電系統，開發浮游式的海上風力發電系統是不可欠缺的。這個成果透過 ODA，以開發中國家為中心，能為世界各國的海上風力發電發展有所貢獻。另外，風力發電的目標值再向上修正的話，海上風力發電的開發應該會對日本低迷的造船業界等關聯產業的活絡化及促進就業有所貢獻。如此一來 21 世紀的未來展望便朝向海洋擴大發展。

相對於將人類與自然視為對立關係的歐洲，日本人不將來勢洶洶的颱風、地震等大自然等天災視為仇敵，而是將之與自己連結，把人與自然視作一體共同生存。因為有人類育於大自然這種想法，日本人才會將此種感性與智慧運用在開發自然能源之上。

現在，呼聲很高的西式環境評估等，說是自古以來日本人智慧的改版也不為過。我們為了前進未來，必須謙虛的向過去學習才行。

4

第 2 章　風車與風力發電的歷史

　　風車是最原始的動力機，在歐洲為了製作麵粉及抽水，使用了 700 年以上。19 世紀末期，各國開始實行風力發電，之後以丹麥為中心發展，引進大型化及新式設計概念，邁向高性能化。特別是以 1970 年代的石油危機為契機，大型風車的開發再度盛行，80 年代以後環境問題表面化，風力發電的引進在世界各地快速的進行。本章首先略述 20 世紀前以抽水及製作麵粉為主的風力利用技術，接著闡述 19 世紀末風力發電的誕生到 20 世紀初風力發電初創期，進而延伸至發展期及現今最新技術的說明。

2.1　20 世紀以前的風車利用技術

　　人類經過數千年的時間，以各種不同的形式利用風能，最古老的風力使用是利用帆推動船前進，但在中國、埃及等國的文獻中也有記載關於風車的敘述，根據這些文獻，風車使用了 3000 年以上的時間。西元前 134，阿拉伯的冒險家伊斯坦格里(Estagli)記載關於在錫斯坦(Sistan)（今阿富汗及伊朗的國境附近）用來製作麵粉的垂直軸型波斯風車。另外，幾乎同一時期在埃及也有為灌溉所建造的風車。

　　歐洲最初使用風車的證據，是 1105 年風車建造許可的法國文書，1191 年英國的風車報告。歐洲最初使用風車是為了灌溉及抽水，荷蘭人於 1439 年建造了風車則是為了將穀物研磨成粉。在那之後的幾世紀中，風車開始快速的發展。

　　關於風車的重要事項，1500 年左右有李奧納多‧達‧文西(Leonardo da Vinci)所畫的風車素描，1665 年設置於英國薩里(Surrey)，現在也還在運

轉的波士特米爾式(Postrio Mir)風車，1745 年英國的艾德蒙特‧利(Eldermonterey)與 1750 年的安德魯‧梅克爾(Andrew Merkel)所發明，風車旋轉面會依照風的方向自動面向迎風面的「凡提爾式」風車，1759 年英國的皇室學會贈與進行風車及水車相關研究的約翰‧史明頓(John Subeng)金牌等 [1] 。

上述當中，達‧文西與萬能的天才之名相符，留下了關於流體力學、水流的連續性、多種水流流動的素描、風洞原理、空氣阻力與物體面積的比例等資料，其中還記載了流線型物體可減少阻力，也提出螺旋型的直昇機或振翅飛機等的結構。另外，史明頓利用電纜與滑輪使機身轉動，機身前端附上模型風車的葉片（圖 2.1 所示），以測試風車性能 [2]。

至 19 世紀初為止，估計荷蘭使用約 10000 台風車，推算英國也使用 10000 台以上的荷蘭型風車。當時，風車作為主要的動力來源相當普及，以秒速 7m、直徑 20m 風車的最大輸出功率為 20kW 來考量，一年的平均輸出率大約是 10kW ，這相當於 200 人份的巨大工作能量。

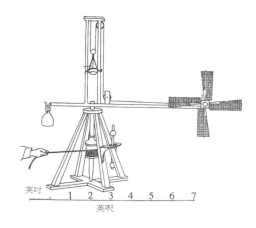

圖 2.1　史明頓的模型風車實驗裝置

19 世紀中期，美國為了開拓農業及畜牧業，開發了以工廠量產的輕便式多翼型風車。這些風車專門用來抽水，現在在世界各地也廣為使用，是大家所熟悉的風車。特別是芝加哥的ア工口モータ公司的多翼型風車

在 20 世紀中期製造了 80 萬台以上，佔了一半以上的市場⁽³⁾。同公司的創始者 L.諾伊斯(L. Noyes)與 T.培里(T. Perry)的關係是像蒸氣機的 M.波爾頓(M. Bolton)與 J.瓦特(J. Watt)、Motorcycle 的藤澤武夫與本田宗一郎，或是 Sony 的盛田昭夫與井深大的搭檔。

2.2 風力發電的歷史

2.2.1 風力發電的誕生背景

19 世紀末以集空氣力學大成所設計出的傳統荷蘭風車實現了風力發電，取代利用阻力的低速旋轉、專門製粉或抽水的高扭矩風車(windmill)，另外，根據電力工學成果得以讓風車驅動的發電機實用化。其中，不能忽略社會背景對電力的需求。

1831 年英國的法拉第(Faraday)發現電磁感應定律以後，開啟發電機的開發之路，最初使用永久磁鐵磁化的磁鐵發電機，1860 年末，發現自感應原理之後，1867 年的西門子(Siemens)及魏爾倫父子(Verlaine)、惠斯頓(Wheatstone)一起開發自感式發電機，1873 年在維也納的萬國博覽會成為發電機、馬達、電力輸送誕生的地點。另一方面，在 1879 年，美國愛迪生(Edison)發明電燈泡，1882 年紐約及倫敦開始供給電力，1895 年尼加拉瓜(Niagara)水力發電廠完成⁽⁴⁾。日本的電力事業發展也意外的早，1887 年（明治 20 年）東京率先開始供給電燈用電力。工業用水力則是在 1888 年在宮城縣三居澤開始提供 5kW 的水力電力，1890 年鹿沼提供 15kW、足尾銅山提供 60kW×3、30kW×2 這些德國西門子製的水車。公共用水力則是從 1891 年京都蹴上發電廠的 160kW 水力開始。

19 世紀末為世界性電力事業的蓬勃期，航空熱潮開始高漲，理論基礎的空氣力學也近乎完成。19 世紀前半喬治蓋瑞(George Gary)使固定機翼的模型飛機飛行，接著法國的佩諾(Penaud)以橡皮筋為動力使模型飛機成功飛行。而後，法國與英國分別在 1863 年及 1866 年創立航空學會。進入 1870 年代以後飛機的模型實驗與設計益加盛行。1880 年 H.飛利浦(H. Philips)取得雙重曲線翼型的專利，O.陳納(O. Chenna)於 1894 年出版「飛

機的進步」，1896 年開發多葉的滑翔機，1896 年還發生德國的 O.李林塔
爾(O. Lilienthal)在實驗飛行中失事死亡的慘痛事故，同樣在 1896 年 S.P.
蘭利(S.P. Langley)試飛附有蒸氣引擎的模型飛機，1901 年試飛附有內燃機
的模型飛機。這些事蹟都與 1903 年萊特(Wright)兄弟達成人類第一次的成
功飛行有關。萊特兄弟的榮耀並非單純的偶然想法與靈感，而是科學的
研究及正確的開發方向有很大的關聯，也可說是許多先人努力成果的集
大成 [5]。

2.2.2 風力發電的先鋒們

　　無法確定風車發電的想法從何時開始，一般定論是以丹麥的 P.拉科爾
(P. Lakorner)教授為風力發電的先鋒。1891 年他在丹麥的阿斯科夫(Askov)
設立風力發電研究所，奠定風力發電王國－丹麥的基礎。但是，根據英
國的文獻，1887 年格拉斯哥(Glasgow)的 J. Bryce 以垂直軸式風車、輸出
功率 3kW 的發電為開始，這座風車使用至 1914 年共 25 年 [6]。除此之外，
根據美國的文獻，1888 年在俄亥俄州克里夫蘭(Cleveland)的 C.F.布拉希
(C.F. Brahi)以直徑 17m、144 片葉片的巨大多翼型風車，以風力發電產生
12kW 的電力點亮 350 個電燈泡，使用至 1908 年共 20 年，控制這個風車
方向的尾翼也是 18×6m 的龐然巨物，讓風車整體在圓周軌道上旋轉，轉
子以 50：1 的比率加速 [3]。另外，當時的技術先進國－法國也在 1887 年
由查爾斯.D.葛懷優公爵(D. Gramey)於勒阿弗爾(Laeiffer)近郊的拉·伊弗
岬(La Havre)進行直徑 12m 的多翼型風車啟動 2 台發電機的系統實驗，最
後以失敗告終 [7]。

　　這種多翼型風車是向美國的伊利諾州的製造商購置再做改造。圖 2.2
為除了拉科爾以外，其他三人的風力發電機。這些風力發電機都是利用
阻力的低速風車來啟動發電機，是古典風車到風力渦輪(wind turbine)過渡
期的產物。相對於此，丹麥的 P. 拉科爾為了風力發電，研發升力型高速
風車。

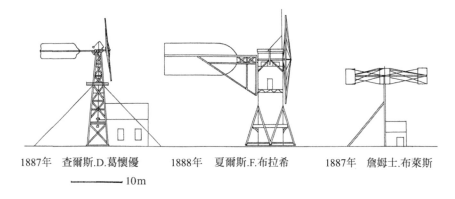

1887年　查爾斯.D.葛懷優　　1888年　夏爾斯.F.布拉希　　1887年　詹姆士.布萊斯

———————10m

圖 2.2　法、美、英各國先鋒的風力發電機

2.2.3　以丹麥為中心發展的風力發電

　　風力發電的真正創始者 P. 拉科爾在 1878 年就任於丹麥日德蘭半島 (Jutland)南部的阿斯科夫(Askov)國民高等學校。當時他身為物理學家,在氣象研究上有顯著成果,另外在電信技術領域中的發明也相當著名,有「丹麥的愛迪生」之稱。1891 年得到國家補助金,在阿斯科夫設置第一座風力發電實驗用的風車,是座擁有 4 片半徑 5.8m 的葉片、弦長 2m 的風車。並且在 1897 年設置直徑 22.8m、葉片弦長 2.5m 的大型風力發電機。使用拉科爾所設計的調速裝置來驅動兩台 9kW 直流發電機,一台是 150V×50A 使用在替蓄電池充電,另一台為 30V×250A,使用於以電力分解水產生氫。

　　1882 年,鐸威斯基(Dowellsky)發表用於飛機螺旋槳葉片的元素理論,但是拉科爾早一步將此理論應用在風車葉片的設計上。風壓是風車設計的必要條件,為了取得正確的風壓資料,設計了特別的的風壓測量裝置,也為了得到實驗用氣流的資料,使用了直徑 0.5m、長 2.2m 圓筒狀的自製風洞。

　　拉科爾為了設計發電用的高速風車轉子,在美國萊特兄弟進行第一次飛行的五年以前,於 1896～1899,花了 3 年的時間重複測試平板翼、曲板翼、屈折翼等各種翼型與葉片的片數變化的風洞實驗,並將成果發表於專門雜誌上。為克服風力發電問題,拉科爾最初研發出的是從不安

定的風力得到一定輸出功率的調速裝置（滑輪調和器）。圖 2.3 為滑輪調和器的說明圖。由風車軸傳達動力至滑輪 A，再傳至附有秤錘的滑輪，加速後啟動發電機。若風速增加，轉速也跟著增加使秤錘稍稍浮起，滑輪開始轉動，根據此機構使發電機可自動調整轉速。

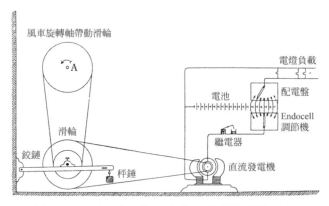

圖 **2.3**　P. 拉科爾的調速裝置（滑輪調和器）

　　另一方面，要如何儲存電力也是一個重要課題，拉科爾為了儲蓄電力，尋求高價蓄電池的替代品，將水電解產生氫與氧。阿斯科夫國民高等學校設置以氫氣啟動的照明系統從 1895 年起使用了 7 年，這期間因為嚴格的安全管理，並未發生爆炸事故。這個系統的最大優點是成本低，電力分解裝置與氫氣儲存容器的費用僅需 4000 克朗，同樣能力的蓄電池需花費 3 萬克朗以上。這是氫氣登上能源舞台的第一個實例[8]。

　　拉科爾奠定了丹麥風力發電的基礎，丹麥的風力發電獲得具體成果，也因此成立 DVES（丹麥風力發電協會），與柴油引擎發電並用的小規模風力發電公司林立。1908 年，10kW～20kW 級的風力發電裝置達到 72 座，1918 年達到 120 座。但是，第一次世界大戰之後，設立了多座交流電的大規模火力發電公司，風力發電漸漸沒落。

　　1918 年，P.溫汀格(P. Wendlinger)及 J.葉先(J. Yisin)兩人利用飛機的空氣力學翼型開發亞格力克(Yagarick)風力渦輪。這種風車的葉片螺距控制能夠確保低風速時的高效率及高風速時的安全性。根據丹麥國立機械研究所 1921 年以來 24 年之間所進行的實驗證明，比原始的拉科爾風車高

出 30%的效率。第二次世界大戰中，1940 年 4 月以後，丹麥被納粹德國所佔領，因為燃料的輸入限制，風力發電再次盛行，1940 年 20kW 級有16 座，1944 年春天更達到 90 座。其他，由 F.L.舒密特(F.L. Shmidt)公司所製造的 40～70kW 級的 F.L.亞葉羅(F.L. Yahierro)發電機也有 18 座在運轉。這些風車轉子有直徑 17.5m 的兩片式葉片與直徑 24m 的三片式葉片，周速比為 7～8 的高速渦輪機。亞葉羅發電機是 F.L. 舒密特公司與丹麥唯一的飛機製造商－斯堪地那維亞.亞葉羅企業股份有限公司共同研發，與現今的風力渦輪有非常相似的概念。齒輪箱、旋轉軸及橫搖(yaw)系統改為小型化，成為一體構造，並直接將直流發電機設置在塔頂。另外，F.L.舒密特公司也是廣為世界所知的水泥製造機的製造商。圖 2.4 是丹麥技術博物館 F.L.舒密特公司的風力發電機等比例模型。圖 2.5 為丹麥風力發電總發電量的變遷示意圖，對應燃料狀況惡化的第一次及第二次世界大戰期間出現顯著的尖峰 [9][10]。

圖 2.4　第二次世界大戰中由 F.L.舒密特公司製造的風力發電機等比例模型（丹麥技術博物館所藏）

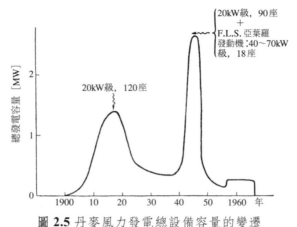

圖 **2.5** 丹麥風力發電總設備容量的變遷

2.3   20 世紀風車技術的發展

19 世紀末到 20 世紀初實現了風力發電，但都僅是小規模的直流發電。20 世紀前半，開始策劃風車的大型化及根據空氣力學的發展增加輸出功率。

2.3.1   大型風車的摸索

證明了風力發電的實用性後，各國開始實行風車的大型化計畫。大型風車的第一號是 1931 年蘇聯在黑海沿岸雅爾達(Yalta)附近的巴拉克拉法(Balaclave)所建造的 WIME D-30、100kW 風機。一年產電量為 28 萬 kWh，產生的電力與 35km 外的塞瓦斯托波爾的 2 萬 kW 火力發電所連結。但是，將木製齒輪用於加速上導致效率低下[(12)]。

接著，1941 年美國的佛蒙特州(Vermont)的葛蘭多佛(Gramdorfer)山頂建設了圖 2.6 所示的世界最早 MW 級風車—史密斯・帕多納姆(Smith Padonum)風車，輸出功率 1250kW，2 片不鏽鋼葉片，直徑 53m，各葉片重 8 噸。考慮到風切問題，葉片的安裝處使用當時最新的"提達"機構技術。經過長期實驗運作之後，雖在 1945 年 3 月開始營業運轉，但是一個

月之後葉片安裝處遭到磨損，二戰時期因為物資不足而停止開發。這個計畫的投資額在當時的幣值相當於 100 萬美元，GE 的副社長、發現卡門渦流聞名的加州理工學院的 T. 卡門(T. Carmen)博士、擔任國防部技術指導的布希(Bush)博士、或是 MIT 等團體，就各自不同的立場，均對領導帕多納姆風車計畫興致勃勃[13]。

圖 2.6　世界第一台 MW 級風車－史密斯・帕多納姆風車

　　從 1930 年代到 60 年代為止，與商用電力網聯接的 100kW 以上大型風力發電系統的研究開發計畫有 10 件以上在進行，除了西德的休達風車 (100kW)[14] 和前述的丹麥的給斯爾風車以外都以失敗告終。特別是史密斯・帕多納姆風車，法國電力局的 1MW 以及 800kW 風車，在葉片安裝處都有磨損。1960 年代中期大型風車的開發暫時終止，接著約有 10 年的空窗期，石油危機後的 70 年代後半，大型風車的開發再度興起。

　　進入 1980 年代之後各國開始大型風車的實驗運作，美國以 MOD-0 開始的 DOE/NASA 計畫，以及西德的 GROWIAN 計畫都不算成功。相對於此，以中小規模商業風車開始的丹麥等國根據民間的研究根基，在風車的大型化上有顯著的成果。1990 年代末期製造了從 1000kW 到 1500kW

的實用機型。丹麥 VESTAS 公司所製造的商業用風力發電機，其大型化的變遷如圖 2.7 所示。

　　也有和這些大型風車的開發並行，甚至規模更大的"Mammoth"風車的建設計畫，雖然是沒有實現的「夢幻風車」，但以現今的技術與經濟層面而言實現的可能性很大。1932 年，當時歐洲廣播用鐵塔建設的世界權威－德國的 H.杭納夫(H. Hangnofre)，計畫在圖 2.8 所示的 250m 高的鐵塔上，設置 3 或 5 個直徑 160m 的巨大風車，發表了可得 10 萬 kW 輸出功率的壯大計畫。塔的高度愈高發電量也會增加，但因為塔的重量也會增加，以當時的技術而言，高度 250m 為極限[15]。這個計畫雖在 1937 年由納粹的 H.戈林(H. Goring)的「四年計畫」採納，但最終也未實現。1937 年，F.克萊因海茲(F. Kleinienheinz)提出直徑 130m，額定輸出功率 10MW，機艙高度 250m 的大型風車計畫，從 1938 年到 1942 年由 MAN 公司進行評估，但因為第二次世界大戰停止開發[16]。

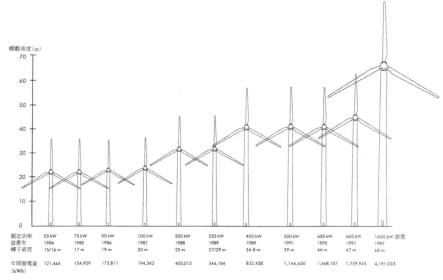

輪轂高度(m)										
額定功率	55 kW	75 kW	90 kW	100 kW	200 kW	225 kW	400 kW	500 kW	600 kW	660 kW	1650 kW 原型
設置年	1984	1985	1986	1987	1988	1989	1989	1991	1995	1997	1997
轉子直徑	15/16 m	17 m	19 m	20 m	25 m	27/29 m	34.8 m	39 m	44 m	47 m	66 m
年間發電量 (kWh)	121,464	154,929	173,811	194,343	403,013	544,184	832,438	1,144,650	1,468,107	1,759,945	4,191,033

圖 2.7　丹麥 VESTAS 公司的風車大型化的演變

圖 **2.8**　H. 杭納夫的"mammoth"風車構想

　　同時，蘇聯也計畫在高 65m 的塔上設置直徑 100m 的風車，可輸出功率 5000kW（風速 16m/s）的大型風力發電裝置，預計設立於黑海東邊沿岸的諾沃羅西斯克(Novorossiysk)，最後因第二次世界大戰計畫中止。

　　第二次世界大戰後，美國的「聯邦動力委員會」針對以失敗收尾的史密斯‧帕多納姆風車開發案做積極的評估，活用此經驗，H. 湯馬士(H. Thomas)計畫將 2 座風車合併成為 6500kW 的大型風力發電裝置。雖然是個相當具體的計畫，不巧遇到 1951 年朝鮮戰爭的爆發，因而沒有得到議會的青睞 [17]。

2.3.2　新式風車的摸索

　　在美國廣大農牧業地帶要設置配電線路是不可能的，於是 1910 年代小型風車發電十分盛行，雖然在 1930 年代公佈「鄉村及近郊電氣化法」後漸漸減少，但仍延續至戰後的 1950 年代。當時美國農村最普及的是如圖 2.9 所示的傑克布斯風車。此種風車由馬歇爾(Marshall)及約瑟夫－傑克布斯(Josef-Jacobs)兄弟所開發的電池充電用風車，DC-32V 的 2.5kW 機與 DC-110V 的 3kW 機，從 1925 到 1957 年為止大約生產了 1 萬台。此風

車最初為兩片葉片，但為解決控制方向的振動問題改為三片葉片[18]。各國的風力發電會如此興盛，與航空工學的發展，空氣力學的進步，可製造出效率良好的螺旋槳型風車等有密切的關係。

再者，與航空力學並行，風車或風力發電相關的研究者及技術人才輩出，將許多寶貴的構思或優秀的理論系統化。就理論層面，風能中風車能取得的能量有限，根據英國的 F.W.蘭徹斯特(Lanchester)（1915 年）及德國的 A.貝茲(A. Betz)（1920 年）的理論得知風車能取得的最大值為風力的 59.3%。一般將風車的理論效率稱作「貝茲效率」[19]。

圖 2.9   在美國最為普及的傑克布斯風車

利用阻力的桶形風車為芬蘭技師 S.薩窩紐斯(S. Savonius)於 1942 年取得專利。這類風車是以兩個半圓筒狀的受風斗面對面安裝，利用離心力作用。其原理為受風斗上凸側及凹側阻力的不同，加上部份氣流從迎風面的受風斗重疊處的縫隙間流動到受風斗的背風面，根據此原理，轉子也接受了空氣力學力矩的作用[20]。另外，利用升力的垂直軸式風車有因獨特外型而揚名的打蛋形風車，於 1926 年法國的 G.J.M. Darrieus 取得專利。這種風車的彎曲羽翼形狀，並非根據旋轉時離心力的變化使葉片

產生彎曲，而是根據抗拉應力的作用變成跳繩狀(The troposkein shape)。無論哪個風向都可旋轉，除此之外，整體系統構造簡單，能將發電機等具重量的器材設置在離地面近的地方也是其優點，由於零件數少成本也低[21]。圖 2.10 為垂直軸的桶形(Savonius)風車及打蛋形(Darrieus)風車的示意圖。

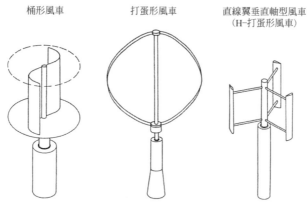

桶形風車　　　打蛋形風車　　　直線翼垂直軸型風車
　　　　　　　　　　　　　　　　（H–打蛋形風車）

圖 2.10　各種垂直軸式風車

還有利用作用在 旋轉圓筒上的馬格努斯(Magnus)效應的弗萊特納(Flettner)型風車。1982 年德國的 H.G.馬格努斯證明，讓圓筒在氣流之中旋轉，圓筒周圍的壓力分佈成不對稱形。A.弗萊特納在 1924 年利用馬格努斯效應，使用旋轉圓筒驅動船隻，並將此方法應用至風車設計上，研發出弗萊特納型風車。

2.3.3　使用於風車的新技術[22]

風力發電機在 1980 年代以後，隨著急速的普及進而演變為追求經濟上的發展，最大的成果便是商用機大型化的進步，1990 年代末期已經出現數家製造 MW 級風車的廠商。另外，風車設置場所的環境也不僅只於平坦的沿岸地帶，山岳地區或淺海等，範圍不斷擴大。發電方式也從誘導發電機系統及失速控制方式漸漸轉變為可變速、直交流電變化系統，加上發電成本也逐漸降低，風況好的地區可以與火力發電並行使用。

(1)　大型化

風車轉子直徑與輸出功率規模年年增大，1990 年代後期，以轉子直徑 45～50m，輸出功率 500kW～750kW 的風車為主流。最近，直徑 60～70m，輸出功率 1000kW～1500kW 的 MW 級風車開始在市場上販售，離岸用風車則向更大型化邁進。

(2)　輸出功率控制

以往因為構造簡單帶來的高信賴度及低廉的維護費，以丹麥風車為主流。雖然風車依賴失速控制方式，但伴隨 MW 風機的大型化及商業化，螺距控制方式隨之增加，螺距控制也對噪音問題有相當大的幫助。

(3)　可變速轉子

以往誘導型發電機直接與轉子連結，發電機的頻率被強力的系統頻率支配，使轉子等速旋轉。相對於此，電力系統與發電機的頻率藉由變壓系統分離，轉子的轉動可變速，在不同風速範圍中皆可維持高效率，能源取得量也增加。隨著未來風車的大型化，可變速風車可能也會增加。

(4)　直接驅動器

以往的風力發電機，風車轉子與發電機之間有傳動軸、軸承、加速機、連接器，有零件數增加、重量增加、產生噪音等缺點。相對於此，沒有使用加速機的直接驅動器，是以多個極低速旋轉發電機驅動，噪音很小，能源取得效率也高。

(5)　風車理論的性能解析

風車的理論計算是應用飛機或直升機螺旋槳領域發展出的空氣力學所得到的知識及經驗。至今風車理論的計算法有葉片元素動量理論、渦理論、局部循環法、加速度梯度法等。

最簡單的葉片元素動量理論，因為沒有觸及葉片周圍局部流場行為，無法計算翼面寬度方向的升力分佈及感應速度的分佈，因此必須要靠經驗估計感應速度。渦理論可以根據葉片所製造出的漩渦直接估計翼面上的感應速度。局部循環法可彌補動量理論的缺點，並且為了去除渦理論複雜的計算問題，在感應速度的算式中導入簡化的假定，得到近似值。加速度梯度法則是取代速度梯度，應用壓力微擾理論於拉普拉斯方程，以漸進展開法的計算方式。因現今高性能電腦的發展，這些計算法

皆可簡單求得結果[23]。

(6)　風車專用翼型與葉片

過去風車用葉片應用飛機用的翼型，最近開始使用風車專用翼型，從風車葉片運作區域及適當雷諾數範圍中得到高升阻比。與飛機用翼型相比，其特徵為具較厚的葉片，也有益於葉片的構造強度。

(7)　離岸風力發電

要有大規模的風力發電，其課題便是確保風況良好的廣大土地。土地狹窄的歐洲各國將離岸（沿岸地區或是洋面上）視為未來風車用地的有力候補。1990 年代後，丹麥、瑞典、荷蘭順利的進行離岸風力發電的驗證運作。丹麥政府在 1997 年所發表的 ENERGY21 計畫中，發表將進行至 2030 年的 4000MW 離岸風力發電建設計畫，荷蘭也計畫至 2020 年為止建設 1500MW 離岸風力發電。日本的離岸風力發電也相當有前途。研究指出，粗略估計至少有取得陸地 14 倍能源的可能性，可提供 1990 年代末期日本電力消費的 50%。日本海岸線長度名列世界排行，並且在造船、海洋建築物等方面擁有世界級的製造技術，離岸風力發電可說是日本未來的主要產業[24]。

第 3 章　風的特性與風能利用

　　自然風經常在變動。距今 2000 年前所寫的新約聖經中也記載「風隨著意思吹，你聽見風的響聲，卻不曉得從那裡來，往那裡去。」（約翰福音第 3 章 8 節）。利用風能要對變動的風有高精確度的評估。摩天大樓、鐵塔或是大橋等設計要考慮 20m/s 以上的強風。若在大都市或大規模工廠地帶等空氣高度受阻擋的地方則為 3m/s 的弱風。此外，要利用風能，若考慮風車的耐風設計問題，所需要的風速約為 3～15m/s。

　　關於風的研究，根據目的有不同的特徵。日本關於風工學的研究在強風風災領域中為世界級，但在風力利用領域的研究則是近期才興起，研究時期尚短。

　　在本章中，除了討論風能利用技術必需瞭解風的各種性質以外，也闡述可利用風能的相關事項。

3.1　自然風的特徵

　　為了利用風能而設置風力發電機與風力抽水幫浦時，根據計畫、設計、運作各個階段的不同，需要各種氣象情報。一般風能利用所需的氣象情報如表 3.1 所示[1]。

(1)　風速變動頻譜

　　實際測量自然風的風速，風速不斷的變化，可看作不同週期變動風的合成。從各週期成份的變動風速（從平均風速得到的偏差值）能量與全週期變動風速能量的比值得到如圖 3.1 的變動頻譜。根據 1957 年 V.D. 荷瓦(V.D. Hoven)所進行的著名研究，此圖可看出週期 1～2 分鐘及 12～

15 小時（日變化）及 100 小時（4～5 日，伴隨著高氣壓及低氣壓的通過）的能量頻譜變動性最大[2]。

表 3.1　風能利用技術必要的氣象資訊

區分	項目
風速	每小時或每三小時的風速（平均 10 分鐘取一次），日，月，年的平均，級數分佈，持續時間，十分鐘內平均風速與最大瞬間風速的再現期待值（機率風速），陣風率，變動強度，能量變動頻譜，高度分佈，平時及強風時的垂直剪力。
風向	風向分佈（風花圖），卓越風向，風向剪力，風向的變動。
其他	氣溫，濕度，氣壓，降雨量，降雪量，積雪量，結冰，霧，冰雹，雷（大氣干擾，落雷），空中鹽分，颱風路徑，龍捲風，風蝕，風力導致的樹木變形，風向風速的預測技術。

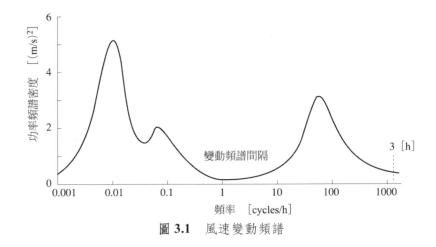

圖 3.1　風速變動頻譜

風車在每 1～2 分便承受風能的變化。風能的頻譜間隔(spectrum gap)在 3 分鐘至 4 小時之間。因此，依據變動頻譜的概念，經驗上平均風速以 10 分鐘的風速平均值計算，可說是相當合理。但是，風工學的泰斗－戴文波特(A.F. Davenport)則推薦取 20 分鐘到 1 小時之間的風速[3]。

(2)　風速的日變化、季節變化、年變化[4]

風在短時間中會不斷的變化，但可根據風形成的原因觀察出某些傾

向。風速的日變化如圖 3.2(a)所示，風速最大的情況常出現在正午，這是因為中午地表附近的空氣溫度上升，大氣變得不安定並與上層空氣混合所產生，特別是在海岸地區也多會受到春天至秋天之間中午強勁海風的影響。然而，距地表 100m 以上的高度反而在正午風速最小，在島嶼上風速的日變化非常的小。

日本的季節風速變化，冬天受強勁季風影響，山岳、島嶼、日本海沿岸如圖 3.2(b)所示，冬天風速特別強，內陸或太平洋沿岸地區的季節變化差距小。

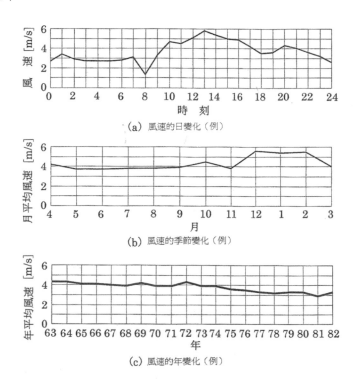

(a) 風速的日變化（例）

(b) 風速的季節變化（例）

(c) 風速的年變化（例）

圖 3.2　風速的日變化、季節變化及年變化

圖 3.2(c)顯示，比較長時間的年平均風速同樣也有所變動。這是根據每年天候的變化或氣候變遷，一般認為在常年值（30 年的平均值）的 ±10%範圍中變動。

(3)   地面高處之風速[5]

要預測由風車取得的能源量，必須知道正確風車設置地點的風車塔高度所承受的風速。若觀測高度與風車塔高度不同，必須修正風速資料。如圖 3.3 所示，因為受到地表摩擦力影響，地表狀態的差異影響很大。要從觀測風速處求得風車塔高度的風速，必須根據離地高度進行修正。平地觀測高度的風速與任意高度（塔高度等）的風速關係如下列對數法則或冪次法則所示。

$$V_z = V_h \left(\ln \frac{z}{z_0} \Big/ \ln \frac{h}{z_0} \right) \tag{3.1}$$

$$V_z = V_h \left(\frac{z}{h} \right)^{1/n} \tag{3.2}$$

上式中，V_z、V_h：離地高度 z 及 h 處的風速

z_0：粗糙係數

$1/n$：冪次指數

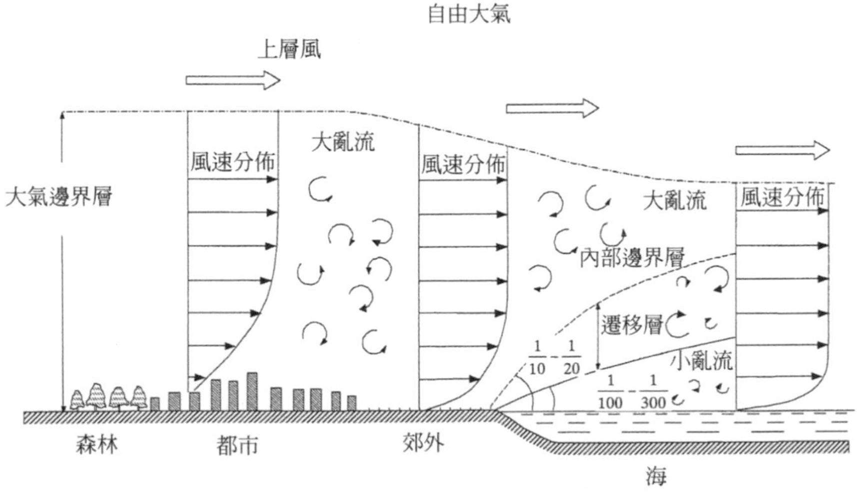

圖 3.3   地表粗糙度與風速分佈

這裡的 z_0 及 n 的值為觀測地點周圍地表狀態的補正係數，以表 3.2 及表 3.3 表示。

　　在 $h=10m$ 利用風力的時候，若 $z>10m$，推薦 $n=2.5$。但於複雜的地形使用上述法則會造成嚴重的偏差，還是必須依靠正確的實測。

表 3.2　根據地表狀態的粗糙係數 z_0

地表狀態	z_0 (m)
雪地	0.1 ～
草地	1 ～
莽原、麥田	4 ～
高 10m 的雜木林	50 ～
郊外	100 ～
都市內	100 ～
海面（根據海浪的狀態）	0.001 ～

表 3.3　根據地表狀態的冪次指數

地表狀態	n
非常光滑的表面，平靜的海面	10
原野，草原	7
森林，無高大建築物的市區	4
大都市的郊外周圍	3
大都市的中心附近	2

(4)　風向的變動

　　自然風不僅風速，風向也不斷在改變。將一定期間內所出現各方位風向的出現率（頻率）以放射狀表示的圖表稱為風花圖(wind rose)。圖 3.4 為一年風花圖的範例。最頻繁出現的風向為盛行風，以例圖中的實線為例，盛行風向為東南風[1]。

　　風向變動的幅度（角度）決定於地表粗糙度及離地高度。圖 3.5 為離地 10m、為了風車設計所繪製的風向變動估算機率圖，另還有 30m、50m、100m、150m 的圖。例如粗糙係數 $z_0=1.0m$ 的時候，往平均風向右側（或左側）的偏移角度在 $10°$ 以下的機率為 20%，一般而言，從平均風向偏離 $50°$ 以上的風向變化機率極小。

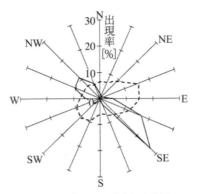

圖 3.4   年間風花圖（例）

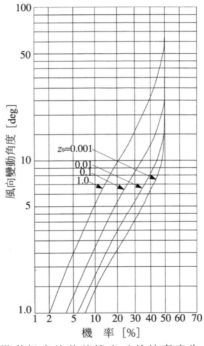

圖 3.5   風向變動幅度的估算機率（離地高度為 10m 的情況）

(5)   陣風率與亂流強度[(6)]

自然風的風速變化為不規則變化，因此瞬間風速的資料必須以統計

學處理。圖 3.6 以 $t = t_0$ 為中心，取任意時間間隔 T 的瞬間風速 $V(t)$ 積分可計算平均風速 $\overline{V}$ 。

$$\overline{V} = \frac{1}{T} \int_{t_0-T/2}^{t_0+T/2} V(t)dt \tag{3.3}$$

亂流強度為瞬間風速 $V(t)$ 與平均風速 $\overline{V}$ 的差，定義如下式。

$$d(t) = V(t) - \overline{V} \tag{3.4}$$

瞬間最大風速與平均風速（一般為平均 10 分鐘）的比值稱為陣風率 (gust factor)。瞬間風速的測量時間（評估時間）與陣風率的關係如表 3.4。

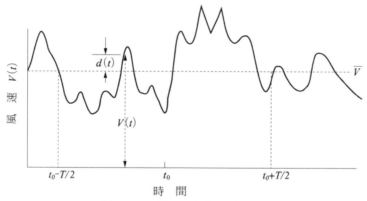

圖 **3.6**　瞬間風速與平均風速

表 **3.4**　平坦地表離地 10m 的陣風與測量時間
（平均風速為 10 分鐘內的平均）

測量時間 [s]	2	5 ~ 10	20 ~ 30
陣風率	1.4 ~ 1.5	1.3 ~ 1.4	1.2 ~ 1.3

亂流強度 I 是以變動風速的標準差與平均風速的比值定義，如下列算式。

$$I = \sigma / \overline{V} \tag{3.5}$$

標準差 σ 如下列算式所示。

$$\sigma = \left[\frac{1}{T} \int_{t_0-T/2}^{t_0+T/2} d^2(t)dt \right]^{1/2} = \left[\frac{1}{T} \int_{t_0-T/2}^{t_0+T/2} (V(t)-\overline{V})^2 dt \right]^{1/2} \quad (3.6)$$

(6)　空氣密度

空氣密度 ρ 以下列算式表示。

$$\rho = \left[1.293/(1+0.00367t)\right] (P/1013) (1-0.378e/P) \quad (3.7)$$

上式的 t：氣溫 [°C]

　　P：氣壓 [mb]

　　e：水蒸氣壓 [mb]

雖然水蒸氣壓 e 僅占全體的 1% 以下，但隨著一日當中溫度的變化(5~10 °C)，空氣密度 ρ 會有 2~4% 的變化，根據季節變化（20°C 左右）會有 7% 的變化。每增加 100m 氣壓會減少 10mb，空氣密度 ρ 約減少 1%。

但是，每增加 100m 的高度，氣溫約降 0.6 °C，考慮到氣壓與氣溫，假設高度為 1000m，空氣密度 ρ 會小 7%。

日本平地空氣密度 ρ 的年平均值為 1.225 kg/m³，但嚴格來說必須根據季節作變動。特別是日本冬季盛行西北季風，因為氣溫降低，使空氣密度 ρ 增加，冬季發電量，可將空氣密度 ρ 的理論預想值向上估計，類似於大量吸入空氣的燃氣渦輪，在氣溫低的冬季輸出功率大約比夏季多 10%[7]。

3.2　可以利用的風力

風是空氣的流動，風所帶有的能量為動能。質量 m 速度 V 的物質動能如下式所示。

$$E = \frac{1}{2}mV^2$$

功率的定義係單位時間所帶有的能量，動能的算式可換算輸出功率如下式。

$$P = \frac{1}{2}\frac{dm}{dt}V^2 \quad (3.8)$$

　　如圖 3.7 所示，考慮通過面積 A，以速度 V 流動的空氣流，dm/dt 表示管流中氣流的流量。管流內的流量等於管內的體積與空氣密度的乘積 ρAV。

　　因此，管流內氣流在單位時間中的質量流量 dm/dt 即是 ρAV。將(3.8)式的 dm/dt 以 ρAV 代入，得到下列算式。

$$P = \frac{1}{2}(\rho AV)V^2 = \frac{1}{2}\rho AV^3 \tag{3.9}$$

　　(3.9)式是解析風力最重要的算式，『風能與受風面積成比例，與風速的 3 次方成比例』。風速為 2 倍時，風能會變為 8 倍。因此，要活用風能，選擇風較強的地點是重要的。

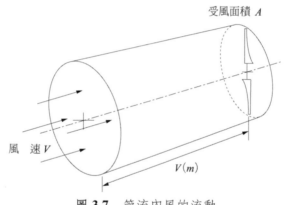

受風面積 A

風　速 V

$V(m)$

圖 **3.7**　管流內風的流動

單位面積的風能 P/A 稱為風能密度，如下列算式所示。

$$\frac{P}{A} = \frac{1}{2}\rho V^3 \tag{3.10}$$

　　圖 3.8 表示自然風與理想風車的風能密度與風速的關係。空氣密度 ρ 的值會根據氣溫與氣壓變化，此圖中使用日本平地(1 大氣壓，氣溫 15°C)的平均值 1.225 kg/m^3。

　　根據理論，要取得所有風能是在風車後方氣流為完全靜止的情況下才成立，事實上是做不到的。因此實際從風中取得的能源 P_e 是有限的。關於實際上能得到能量的上限，英國的 F.W. 蘭徹斯特(F.W. Lanchester)

（1915 年）及德國的 A.貝茲(A. Betz)（1920 年）已經證明。但是一般以
貝茲的成果廣為人知，將風車的理論效率稱作「貝茲係數」。

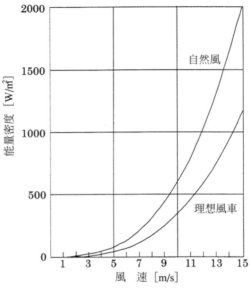

圖 3.8　風能密度

　　自然風能中，用風車取得的能量比例稱為功率係數 C_P，測試實際存
在的風車，真正超過 40%的情況很少。將風車的能量轉換成電力或抽水
升力時，會依賴傳動效率、發電機或幫浦的效率，使可利用能量更加減
少。另外，風車在野外所承受的實際風速或風向的變動也會使可利用率
減少。這種情況由圖 3.9 說明，可得知風力發電由自然能源取出的實際電
力約 30%。

[例題 3.1]

試求利用風車從自然風可取得多少能量的簡單推算式。

[解]

自然風所有的能量如(3.9)式

$$P = \frac{1}{2}\rho A V^3$$

此處的 $\rho=0.124\ \text{kgs}^2/\text{m}^4$，用 $A=1\text{m}^2$、102kgm/s=1000W 代入，則

$$P = \frac{1}{2} \times 0.124 \times 1 \times \frac{1000}{102} \times V^3 = 0.61V^3\ \text{[W]}$$

因此單位面積的風能如下式表示。

$$P = 0.6V^3\ \text{[W]} \tag{3.11}$$

使用(3.11)式可簡單推算出風車在風速 10 m/s 時可得 600W 的風能，乘上風車面積便可求得實際上風車所獲得的能量。

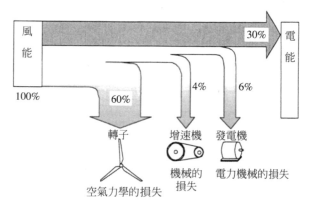

圖 3.9　風力發電的各種損失

第 4 章　風況分析與可利用的能源量

　　設計風力發電及風力抽水系統時，前提是要考慮風車設置預定地的風況。若能做到高精確度的風況分析，一年的發電量及抽水量也可以精確估計。本章將說明最廣為使用的韋伯分佈(Weibull)，介紹屬於特例且較簡單的雷利(Rayleigh)分佈之基礎及其應用方法。

　　另外也會闡述風力發電系統的性能、指標，以及可能取得的能量。

4.1　風速的時間及頻率分佈 [1]

　　風速的頻率分佈用以表示某段期間之內許多不同大小的風速分別出現幾次，次數以時間數表示或用「%」表示。後者的情況為根據相對於所有觀測次數比率的相對次數或出現機率。

　　圖 4.1 為風速頻率分佈的範例。

　　相對累積次數是將風速由大或由小處開始合計的相對累積次數。風速與相對累積次數的關係以圖表示的稱為風況曲線。

　　風速的頻率分佈從圖 4.1 可知左右不對稱，次數最多的集中在左側（弱風側）。有許多將頻率分佈以函數型或算式表示的研究，如波松分佈(Poisson distribution)、皮爾遜 III (Pearson III)型分佈、韋伯分佈、雷利分佈、雅各布斯(Jacobs)分佈與歐森(Olsen)的分佈等，但其中最適合應用於風速的頻率分佈並廣為使用的是韋伯分佈函數。韋伯分佈原本是應用在品質管理及新的機械上，是最早最常使用於調查故障頻率分佈的分佈式。

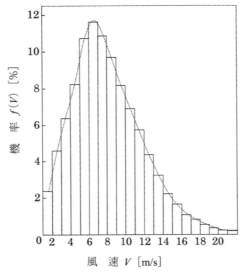

圖 **4.1**　風速頻率分佈的範例（大島，1967～1976 年）

4.2　風況的數值表示 [2]~[8]

4.2.1　韋伯分佈

　　一般應用韋伯(Weibull)分佈函數計算風速的頻率分佈，韋伯分佈函數也就是機率密度函數是

$$f(V) = \frac{k}{c}\left(\frac{V}{c}\right)^{k-1} \exp\left[-\left(\frac{V}{c}\right)^{k}\right] \quad (k>0,\ V>0,\ c>1) \quad (4.1)$$

式中，k：形狀參數(shape parameter)，c：尺度參數(scale parameter)，風速在 V_a 以下的機率 $F(V \leq V_a)$ 為

$$F(V \leq V_a) = 1 - \exp\left[-\left(\frac{V_a}{c}\right)^{k}\right] \quad (4.2)$$

　　圖 4.2 表示在尺度參數 $c=1$ 時的韋伯機率密度曲線。形狀參數 k 增加，曲線就會出現越突出的尖峰，風速的變化減少。

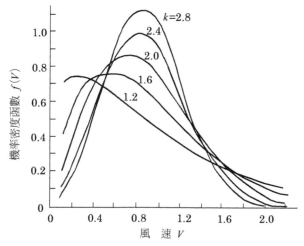

圖 **4.2**　　形狀參數及韋伯分佈

平均風速 $\overline{V}$ 是

$$\overline{V} = \int_0^\infty V \frac{k}{c} \left(\frac{V}{c} \right)^{k-1} \exp\left[-\left(\frac{V}{c} \right)^k \right] dV \tag{4.3}$$

為了求解這個積分，設 $V/c = V^*$

$$\overline{V} = kc \int_0^\infty (V^*)^k \exp\left[-(V^*)^k \right] dV^*$$

將 $(V^*)^k = t$ 代入算式中，上式變為

$$\overline{V} = c \int_0^\infty t^{\frac{1}{k}} e^{-t} dt \tag{4.4}$$

伽瑪函數的定義如下，

$$\Gamma(z) = \int_0^\infty t^{z-1} e^{-t} dt \tag{4.5}$$

將(4.4)式與(4.5)式的指數相比，$(z-1)=1/k$，或是 $z=(1+1/k)$。因此，平均風速為

$$\overline{V} = c\Gamma(z) = c\Gamma(1+1/k) \tag{4.6}$$

伽瑪函數的解能用查表求出，但查表通常只允許 $1 \le z \le 2$，這範圍以外的值必須使用下列的迴歸式。

$$\Gamma(z+1) = z\Gamma(z)$$

如果 z 是整數

$$\Gamma(z+1) = z! = z(z+1)(z-2)\cdots(1) \tag{4.7}$$

另外,風速 V 為 V_a 以上的機率為

$$P(V \geq V_a) = \int_{V_a}^{\infty} f(V)dV = \exp\left[-\left(\frac{V_a}{c}\right)^k\right] \tag{4.8}$$

以風速 V_a 為中央值,每 1 m/s 間隔以內風速的機率約

$$P(V_a - 0.5 \leq V \leq V_a + 0.5) = \int_{V_a-0.5}^{V_a+0.5} f(V)dV$$

$$= \exp\left[-\frac{(V_a - 0.5)^k}{c}\right] - \exp\left[-\frac{(V_a + 0.5)^k}{c}\right] \tag{4.9}$$

$$\cong f(V_a)\Delta V$$

$$= f(V_a)$$

[例題 4.1]

試推導當韋伯參數為 $k = 2.0$ 及 $c = 5$ m/s 時,單位時間內出現風速 6m/s 至 7m/s 間風速的時數有多少?

[解]

根據(4.9)式,風速 6m/s 和 7m/s 間的風速機率為

$$P(6.0 \leq V < 7.0) = f(6.5)$$

接著將 $V = 6.5$ 代入(4.1)式

$$f(V) = \frac{k}{c}\left(\frac{V}{c}\right)^{k-1} \exp\left[-\left(\frac{V}{c}\right)^k\right] \quad (k > 0,\ V > 0,\ c > 1)$$

$$= \frac{2.0}{5}\left(\frac{6.5}{5}\right)^{2-1} \exp\left[-\left(\frac{6.5}{5}\right)^2\right] = 0.096$$

可求出一年有 9.6%的時間,也就是 841 小時（8760 小時×0.096）風速為 6.0m/s 與 7.0m/s。

[例題 4.2]

考慮例題 4.1 的韋伯參數,試求若風速為 12m/s 以上時的機率。

[解]

代入算式(4.8)

$$P(V \geq 12) = \exp\left[-\left(\frac{12}{5}\right)^{2.0}\right] = 0.0032$$

預測一年中有 28 小時（ $=0.0032 \times 8760$ 小時）會吹風速 12m/s 以上的強風。根據相同的計算，可以推算因高風速必須停止風車運作的時間。

4.2.2　雷利分佈

雷利機率函數是對應韋伯函數的形狀參數 $k = 2$ 的特殊例子。因此，相對於韋伯分佈有尺度參數與形狀參數兩個參數，雷利分佈只有尺度參數。

結果，雷利分佈僅需要平均風速的資料，使推算風速分佈的工作變得容易許多。

將 $k = 2$ 代入(4.1)式與(4.2)式，可得下列算式。

$$f(V) = \frac{2}{c}\left(\frac{V}{c}\right)\exp\left[-\left(\frac{V}{c}\right)^2\right] \tag{4.10}$$

$$F(V \leq V_a) = 1 - \exp\left[-\left(\frac{V_a}{c}\right)^2\right] \tag{4.11}$$

(4.6)式的伽瑪函數亦可依上述特性簡化

$$\left[\Gamma\left(1 + \frac{1}{2}\right)\right]^2 = \left[\frac{1}{2}\Gamma\left(\frac{1}{2}\right)\right]^2 = \left[\frac{1}{2}\sqrt{\pi}\right]^2 = \frac{\pi}{4}$$

雷利分佈各機率函數因此可簡化為

$$f(V) = \frac{\pi}{2}\frac{V}{\bar{V}^2}\exp\left[-\frac{\pi}{4}\left(\frac{V}{\bar{V}}\right)^2\right] \tag{4.12}$$

$$F(V \leq V_a) = 1 - \exp\left[-\frac{\pi}{4}\left(\frac{V_a}{\bar{V}}\right)^2\right] \tag{4.13}$$

$$P(V \geq V_a) = 1 - F(V \leq V_a) = \exp\left[-\frac{\pi}{4}\left(\frac{V_a}{\bar{V}}\right)^2\right] \tag{4.14}$$

為了計算風速的雷利分佈，使用 $\Delta V f(V)$。這裡的 ΔV 為一個(1m/s)的風速區間，機率以算式(4.12)計算。

圖 4.3 為相異的平均風速所對應的雷立機率密度函數曲線。可得知在平均風速高的情況下，發生高風速的機率也會變高。

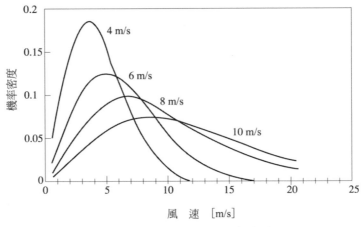

圖 **4.3**   雷利機率密度函數曲線

[例題 **4.3**]

某地點的平均風速為 $\overline{V} = 10\text{m/s}$，此地一年會有多少時間吹風速 16m/s 的強風？

[解]

運用(4.12)式

$$f(V) = \frac{\pi}{2} \frac{V}{\overline{V}^2} \exp\left[-\frac{\pi}{4}\left(\frac{V}{\overline{V}}\right)^2 \right]$$

$$f(16) = \frac{\pi}{2} \frac{16}{10^2} \exp\left[-\frac{\pi}{4}\left(\frac{16}{10}\right)^2 \right] = 0.034$$

由此可知 16m/s 的風占 3.4％，也就是一年中共有 298 小時（0.034×8760 小時）吹 16m/s 的風。

[例題 **4.4**]

與[例題 4.3]同，一年會吹多少 16m/s 以上的風？

[解]

運用(4.14)式

$$P(V \geq V_a) = 1 - F(V_a) = \exp\left[-\frac{\pi}{4}\left(\frac{V_a}{\overline{V}}\right)^2\right]$$

$$P(V \geq 16) = \exp\left[-\frac{\pi}{4}\left(\frac{16}{10}\right)^2\right] = 0.13$$

因此，可推算出一年約有 1139 小時（0.13×8760 小時）吹 16m/s 以上的強風。

4.3　風力發電系統的性能與指標[9]

本節闡述風力發電系統的性能與運作狀態，並說明基本指標。

「額定輸出功率」表示設計上最大連續輸出功率，由額定輸出功率得到的風速稱作「額定風速」 額定輸出功率一般設定於一年當中能發出最多風能的風速，通常是在 12～14m/s 左右。

風車開始發電的風速為「起動風速」。風速過高，為了保障風車的安全，需停止發電的風速稱為「停止風速」 通常設定起動風速為 3～5m/s，停止風速為 25m/s。圖 4.4 為風速與輸出功率關係的概念示意圖。

風車的「時間運轉率」(availability)為一年發電小時數對年小時數的比，年小時數必須扣除定期檢查而停止運作的時間。有時候也會使用「設備使用率」(capacity factor)表示。

$$時間運轉率(\%) = \frac{年發電時間（h）}{年小時數（8760h）} \times 100 \tag{4.15}$$

$$設備使用率(\%) = \frac{年發電量(kWh)}{額定輸出功率(kW) \times 年小時數(8760h)} \times 100 \tag{4.16}$$

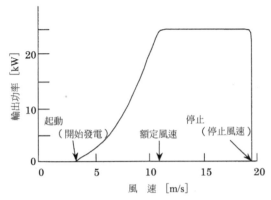

圖 4.4   風速與輸出功率的關係

「時間運轉率」用來判斷系統的利用狀況與信賴度,「設備使用率」用以計算電力的總取得量,2 個都是十分重要的指標,一般風力發電系統的設備使用率期望在 20%以上,但時間運轉率率或設備使用率都要考慮到風車建設地點的平均風速、離地高度、地形等,每年都會有大幅改變。

4.4   可以取得的能源量[9][10]

應用風力發電,首先需對預定建設地點進行可行性評估,估算預期發電量。

有兩種方法可計算風速分佈,一是假設平均風速下的雷利分佈,以及從觀測資料直接求得結果的韋伯分佈。設置 2 台以上風機的情況下,也必須考量到風車尾流(wake)對區域所造成的影響。

海上及海岸地區,很難在預定地進行風況觀測,只能由鄰近地區的風況來推斷。這種情況,必須進行適當地模擬。另外,要注意洋面上及海岸地區風速高度校準資料的指數與陸地上不同。本節也介紹以假設平均風速求得雷利分佈來計算發電量的例題。

(1)   風車的設定

以表 4.1 的機種為例進行討論。

表 4.1

機種	塔高	轉子直徑
1650kW 級	60m	66m

(2)　平均風速的修正

離地高度(h = 20 m)時的平均風速(V_h = 6.0 m/s)，使用冪次法則對風車塔高(z = 60 m)的平均風速V_z進行修正。所得冪次法則與修正計算如下所示。

冪次法則指數的值係根據風車設置地點附近的地表狀況有所不同，地形平坦的草原 n = 7~10 ，田園 n = 4~6 ，在此假設 n = 7 。

使用(3.2)式

$$V_z = V_h \times \left(\frac{z}{h}\right)^{\frac{1}{n}} = 6 \times \left(\frac{60}{20}\right)^{\frac{1}{7}} = 7.02 \, \text{m/s}$$

冪次法則若根據實測資料，所求得值精確度會提高。

(3)　發電量的估算

根據風車的性能曲線預測風車的發生電力。此處以 1650kW 級的性能曲線(Power Curve)計算。性能曲線如圖 4.5 所示。

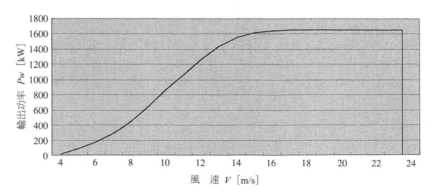

圖 4.5　1650kW 級風車的性能曲線

估算發電可能量，風速以雷利分佈假設，估算風速出現機率。風速出現機率以下列算式估算。

$$f(V) = \frac{\pi}{2} \frac{V}{\bar{V}^2} \exp\left\{ -\frac{\pi}{4}\left(\frac{V}{\bar{V}}\right)^2 \right\}$$

式中，$f(V)$：風速 V 的出現機率

$\bar{V}$：年平均風速 [m/s]

V：風速 [m/s]

在 $\bar{V}$(平均風速)＝7.02 m/s 時，V(風速)＝8 m/s 的出現率可如下計算。

$$f(8) = \frac{\pi}{2} \cdot \frac{8}{7.02^2} \exp\left\{ -\frac{\pi}{4}\left(\frac{8}{7.02}\right)^2 \right\} = 0.0920$$

風速 8m/s 的一年出現時間如以下所示。

$$f(8) \times 8760 小時 = 0.0920 \times 8760 小時 = 805.92 小時$$

因此，使用風力發電系統的性能曲線與設置地點的風車塔高的風速出現機率分佈，發電量可由以下算式求得。

$$Pw = \sum\left[P(V) \times f(V) \times 8760 \right]$$

式中，Pw：年發電量 [kWh]

$P(V)$：風速 V 所產生的電力 [kW]

$f(V)$：風速 V 的出現率

1650kW 級風車在風速 8m/s 時的發電量如下述。

$$Pw = P(8) \times f(8) \times 8760 = 448 \times 0.0920 \times 8760 = 361052\,kWh。$$

從起動風速到停止風速，算出各風速所產生的電力總和為年間發電量。若塔高高度的平均風速為 7.02m/s，年發電量則為 3729630kWh。

(4)　設備使用率

設備使用率(capacity factor)用以表示系統輸出功率的利用率，是系統評價指標之一，如同 4.3 節所述，以下列算式求出。

$$年間設備使用率 CF = \frac{年發電量}{額定輸出功率 \times 年小時數} \times 100(\%)$$

因為年發電量為 3729630kWh，則設備使用率為

$$年間設備使用率\ CF = \frac{3729630}{1650 \times 8760h} \times 100 = 25.8(\%)$$

4.5　年間發電量的推算[2]

4.5.1　年間發電量的簡易推算法

風力發電系統的年發電量，是左右其經濟效應的最重要因子，有下列 3 種推算方法。

(1)　發電機的尺寸

這是一個極為粗略的估算法。因為即使為同一轉子尺寸的風力渦輪發電機，依據製造商的設計方針不同，其發電機也有不同的容量。年間發電量可由風況的影響及標準輸出功率對設備使用率的變化推算。

$$AKWH = (CF)(GS)(8760) \tag{4.17}$$

式中，$AKWH$：年間發電量 [kWh/年]

$\quad CF\quad$：設備使用率

$\quad GS\quad$：額定發電機功率 [kW]

$\quad 8760\quad$：年小時數(=365×24)

額定風速 10m/s 的風力發電機設置在風況良好地點的情況下，CF 大約為 0.20～0.25。如果配合風車轉子尺寸的發電機過大，也就是說，額定風速較高或是地點風況不佳的情況下，CF 為 0.20 以下。

[例題 4.1]

使用(4.17)式求額定輸出功率 25kW(額定風速 10m/s)，轉子直徑 10m 的風力渦輪的年發電量 $AKWH$。

$$AKWH = 0.2 \times 25 \times 8760 = 43800kWh/年$$

若在風況不佳的地點，$AKWH$ 約為 30000kWh/年。

(2)　轉子面積及風力地圖

風力渦輪的轉子面積 A，根據風車類型其計算法也不同，但可由轉子半徑 R，高度 H，直徑 D 取得。

水平軸風車： $A = \pi R^2 = \left(\pi/4\right) D^2$

垂直軸式風車：旋翼型風車 $A = HD$ （直線翼垂直軸型）

桶形風車 $A = HD$

打蛋形風車 $A = (2/3)HD$

另外，根據風力地圖得到每單位面積的年平均輸出功率，年發電量以下列算式計算。

$$AKWH = CF\left(P/A\right)A \times 8760 \text{ kWh/年} \tag{4.18}$$

式中，CF ：設備使用率

P/A ：單位面積的輸出功率 $[\text{kW/m}^2]$

A ：轉子受風面積 $[\text{m}^2]$

CF 受風力渦輪的效率及風況影響，如前述在風況良好地點為 $0.20 \sim 0.25$。

[例題 4.2]

假設與例題 4.1 相同的風力渦輪機，根據算式(4.18)求 $AKWH$。P/A 由風力地圖取得，在風況良好處為 250W/m^2，A 為 $\pi R^2 = \pi \times 5^2 = 78.5$ m^2。

因此

$$AKWH = CF\left(P/A\right)A \times 8760$$
$$= 0.25 \times 250 \times 78.5 \times 8760$$
$$= 43 \text{ MWh/年}$$

(3) 製造業者提供的特性曲線

多數風車製造業者使用平均風速，以雷利分佈計算風速分佈，年分佈風速與風力渦輪機的年發電量如圖 4.6 所示，由此得到年發電量的推算曲線。這種推算年發電量曲線多出現在風車目錄。

譬如圖 4.6(a)的 10kW 級風車渦輪，若設置在年平均風速為 7m/s 的良好風況地帶，年發電量為 48MWh。圖 4.6(b)的 2000kW 級大型風車在年平均風速 7m/s 的情況下，年發電量約為 5700MWh，平均風速 8m/s 時，甚至可得 7000MWh 的發電量。

4.5.2　年間發電量的計算

　　若依實測資料求得風速分佈，以此風速分佈為對象可以精確推算風力渦輪機的年發電量。任一風速區間 1m/s 風速的範圍，可得各風速的年出現時間，將各風速年出現時間與所對應風力渦輪機的功率相乘，各風速區間的發電量累計後便可得年發電量。

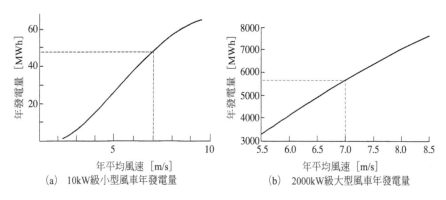

(a)　10kW級小型風車年發電量　　　　(b)　2000kW級大型風車年發電量

圖 4.6　小型風車與大型風車的年發電量

　　圖 4.7 為上述過程的圖形表示，圖形左側的曲線為風速分佈，中央的曲線為 Carter25（額定輸出功率 25kW，額定風速 10m/s）的性能曲線，右側曲線為風能的能源量，斜線部份則是利用風車所得的能源量。

　　但是，實際的風力渦輪為了保守、檢查等原因，可用率最多只有 0.9 左右，因此年發電量會減少。

　　另外，需注意風速分佈與風車的性能曲線必須根據風車的設置高度及空氣密度做修正。

　　計算風車的性能曲線所需的風速計的基準高度依風車規模有所不同。關於此項需使用 3.1 節所介紹的冪次法則與對數法則修正。另外，製造業者所繪製的性能曲線是使用標準大氣壓的空氣密度為基準，因此風車設置於高海拔地點時也要針對此點做修正。

　　年間發電量的計算已可使用電腦程式或發電量推算一覽表，在無法得到實際的風速資料時，可以使用雷利分佈由年平均風速求風速分佈。

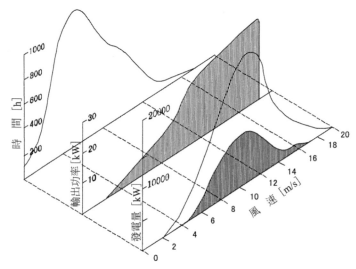

圖 4.7　風速分佈、風車輸出功率，以及發電機的關係

第 5 章　風車設計的基礎

　　本章首先針對風車的風能轉出過程、風車種類與特徵、風車性能的評價做說明,接著探討葉片的片數及半徑、翼型的類型、葉片的弦長或扭轉等要素。上述要素為具體風車轉子依空氣力學設計的基礎,葉片扭轉的角度與弦長的計算為其重點。

5.1　風車的基礎知識 [1]~[4]

5.1.1　風車轉換的能量

　　如 3.2 節所述,通過風車剖面管流的風能,是風車所能獲取的能量。假設風以風速 V_0、密度 ρ 通過風葉旋轉面積 A 時,理論上風應帶有的能量可由下式求出((3.9)式)。

$$P_{th} = \left(\frac{1}{2} \rho V_0^2 \right) A V_0 = \frac{1}{2} \rho A V_0^3 \tag{5.1}$$

以下詳細解說風車轉換風能的過程。

　　從風車前方吹來的風使風車開始做旋轉運動,經過風車後,流向風車後方,風車前後的流體動向如圖 5.1 所示。即風車前方入流風速為 V_0 的風在通過風車轉子瞬間變為 V,尾流風速則變為 V_1。

　　在此以稱為制動盤(actuator disk)的假設圓盤取代風車,它的功用在進行能量轉換。風車前方入流的自由流體的速度與壓力分別為 V_0 及 P_0,橫越盤面時的速度為 V,跡流處的速度為 V_1。

　　根據動量守恆,各位置的質量流量必須相等,所以可得到下列關係式。

$$\rho V_0 A_0 = \rho VA = \rho V_1 A_1$$

假設空氣密度 ρ 不變，可得下列等式。

$$V_0 A_0 = VA = V_1 A_1 \tag{5.2}$$

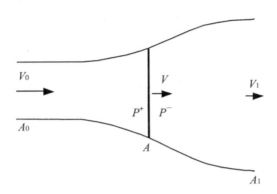

圖 5.1　風車前後流場示意圖

因為圓盤會從風抽取動能，因此 $V_0 > V > V_1$，管流面積 $A_0 < A < A_1$。因此管流會於 尾流側膨脹。

下列為理論上的假設：

1)　空氣為非壓縮性流體
2)　流場穩定並各向同性
3)　圓盤所承受的流場一致
4)　圓盤不會造成流體的迴轉

施予圓盤的推力是由流入流體及流出流體的動量變化決定。

$$T = \frac{dm}{dt}\left(V_0 - V_1\right)$$

或

$$T = \rho AV\left(V_0 - V_1\right) \tag{5.3}$$

推力表示圓盤所承受的壓力和圓盤面積的乘積。

$$T = \left(P^+ - P^-\right)A \tag{5.4}$$

此處的 P^+ 與 P^- 表示圓盤入流側及跡流側的靜壓力。

實質壓力 $\left(P^+ - P^-\right)$ 是由白努利(Burnoulli Equation)的能量方程式所

得。換言之，任一點流體的靜壓力與動壓力的和為恆等。

　　因此，能量方程式適用於流場的入流側和圓盤之間以及圓盤和跡流側之間。這兩個關係式如下所示。

　　入流側為

$$P_0 + \frac{1}{2}\rho V_0^2 = P^+ + \frac{1}{2}\rho V^2$$

　　跡流側為

$$P^- + \frac{1}{2}\rho V^2 = P_0 + \frac{1}{2}\rho V_1^2$$

橫越圓盤的壓力差為

$$P^+ - P^- = \frac{1}{2}\rho\left(V_0^2 - V_1^2\right) \tag{5.5}$$

　　圖 5.2 為各位置流體速度與壓力的變化。

　　(5.5)式代入(5.4)式，可得下列算式。

$$T = \frac{1}{2}\rho\left(V_0^2 - V_1^2\right)A \tag{5.6}$$

讓計算推力的(5.3)式及(5.6)式相等，

$$\rho A V\left(V_0 - V_1\right) = \frac{1}{2}\rho\left(V_0^2 - V_1^2\right)A$$

$$\therefore\ V = \frac{V_0 + V_1}{2} \tag{5.7}$$

　　此式表示通過圓盤的風速為入流側速度與跡流側速度的平均值。定義橫軸方向的誘導係數（速度減低率）a。

$$a = u/V_0 \tag{5.8}$$

u 為圓盤所誘導的速度減少量。也就是 $u = V_0 - V$。(5.8)式可改寫為

$$V = V_0\left(1 - a\right) \tag{5.9}$$

此算式表示通過圓盤的流體根據橫軸方向的誘導速度減低率減速。

將(5.9)式代入(5.7)式得出下式。

$$V_1 = V_0\left(1 - 2a\right) \tag{5.10}$$

或根據(5.9)式及(5.10)式得出下式。

$$V_0 - V = aV_0 \tag{5.11}$$

或

$$V_0 - V_1 = 2aV_0 \tag{5.12}$$

(5.11)式與(5.12)式表示最後於跡流側的速度變化為圓盤處速度變化的兩倍。

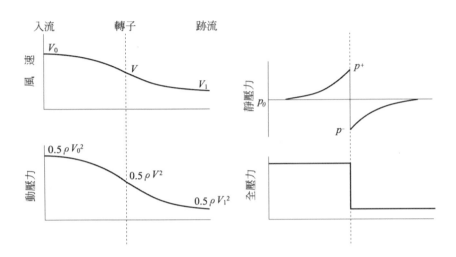

圖 5.2　風車前後的風速和壓力的關係

圓盤所轉換出的功率等於單位時間內動能的變化，因此可由下列算式表示。

$$P = \frac{1}{2}\frac{dm}{dt}\left(V_0^2 - V_1^2\right)$$

或

$$P = \frac{1}{2}\rho A V\left(V_0^2 - V_1^2\right) \tag{5.13}$$

將(5.9)式、(5.10)式中的 V 及 V_1 代入(5.13)式，可得

$$P = \frac{1}{2}\rho A V_0^3\left[4a(1-a)^2\right] \tag{5.14}$$

上式為圓盤所轉換出的功率。

功率係數為風車所轉出的量與自然風所保有的 $P = \frac{1}{2}\rho A V_0^3$ 的比值。

因此，功率係數如下列算式。

$$C_P = 4a(1-a)^2 \tag{5.15}$$

　　上式中功率係數（風車的效率）係以橫軸方向誘導係數表示，(5.15) 式中，$a=0$ 或 $a=1$ 時，功率為 0。

　　將(5.15)式對 a 微分來求得功率係數最大值，$dC_P/da=0$ 時，$a=1$ 及 1/3。

　　$a=1$ 時 $C_P=0$，故選擇 $a=\dfrac{1}{3}$ 較為適切，功率係數的最大值為

$$C_{P\max}=\frac{16}{27}\fallingdotseq 0.593 \tag{5.16}$$

0.593 為功率係數理論上的最大值，一般稱為貝茲係數。

　　即使是最為理想的風能轉換系統，理論上也只能從通過剖面積 A 的管流流體中取得 60%的能量。

　　一般而言，使用風車取得的功率為下式所示。

$$P_e=C_p\frac{1}{2}\rho AV_\infty^3 \tag{5.17}$$

　　接著討論阻力型風車。

　　一個放置於流速 V_0 的風場中物體，作用在其單位面積的力為

$$\frac{F}{A}=C_D\frac{1}{2}\rho V_0^2\ 〔\mathrm{N/m^2}〕$$

　　每單位面積所承受的力為壓力，吹在物體上的風會產生壓力。C_D 為物體的阻力係數，具代表性的阻力係數如表 5.1 所示。另外，圖 5.3 表示細圓柱的阻力等同於流線形機翼的阻力。

　　圖 5.4 表示，當阻力型風車承受風速 V_0 的風時，後方則有速度 V 的推力。

　　結論是作用在風車上的相對風速 $V_r=V_0-V$。

　　因此，風車單位面積的功率為

$$\frac{P}{A}=\frac{FV}{A}=C_D\frac{1}{2}\rho V_r^2 V=C_D\frac{1}{2}\rho\left(V_0-V\right)^2 V \tag{5.18}$$

根據此式，阻力型風車的最大功率係數為 $V=\dfrac{1}{3}V_0$ 時，$C_{P\max}=\dfrac{4}{27}C_{D\max}$。

　　也就是說，相對於升力型的功率係數最大值為 $\dfrac{16}{27}=0.593$，阻力型的最大值至多約 0.15。

表 5.1　代表性物體的阻力係數

物體形狀		阻力係數	雷諾數
圓柱	→○	1.2	10^3 to 10^5
方柱	→□	2.0	$>10^4$
半圓筒(凹)	→)	2.3	$>10^4$
半圓筒(凸)	→C	1.2	$>10^4$
橢圓柱	→ ⬭	0.6	10^4 to 10^5
半球(凹)	2:1	1.33	$>10^4$
半球(凸)		0.34	$>10^4$
圓錐	→◁α	0.51 ($\alpha=60°$)	$>10^4$
		0.34 ($\alpha=30°$)	

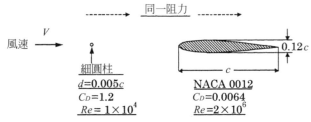

圖 5.3　細圓柱與機翼的阻力

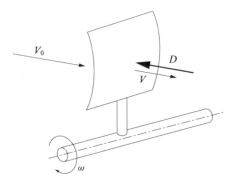

圖 5.4　阻力型風車的模型

[例題 5.1]

如圖 5.5 所示，風杯型風車（風速計）的自由轉動，風速 15m/s 時的旋轉速度為多少？

[解]

假設此風車以一定的角速度 ω 旋轉，旋轉軸的扭矩必須為零。因此作用於受風器凹面的風速為

$$A = 15 - 0.2\omega$$

作用於受風器凸面的風速為

$$B = 15 + 0.2\omega$$

另外，半球形狀的阻力係數 C_D 為

受風器 A 處 $C_D = 1.33$

受風器 B 處 $C_D = 0.34$

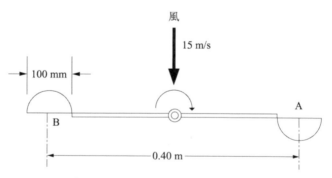

圖 5.5　風杯型風車轉子的模型

因此，作用在受風器 A 及 B 上的阻力為

$$F_{DA} = 1.33 \times \frac{1}{2}\rho A (15 - 0.2\omega)^2$$

$$F_{DB} = 0.34 \times \frac{1}{2}\rho A (15 + 0.2\omega)^2$$

當實質扭矩為 0 時。

$$0.2 \times F_{DA} = F_{DB} \times 0.2 \text{ 或 } F_{DA} = F_{DB}$$

因此

$$\frac{1.33}{0.34}(15-0.2\omega)^2 = (15+0.2\omega)^2$$

$$29.67-0.396\omega = 15+0.2\omega$$

$$\omega = 24.63 \quad \text{rad/s}$$

$$\therefore \quad N = \frac{60\omega}{2\pi} = \frac{60 \times 24.63}{2 \times 3.142} = 235.2 \text{ rpm}$$

5.1.2 風車的種類及特徵

風車使用的歷史可追溯至西元前的埃及。利用目的有抽水用、製粉用、排水用、榨油用、木材加工用、攪拌用、發電用、發熱用等各種使用方式，以歐洲為中心，使用至現今的風車種類非常繁多。

風車的旋轉軸方向如圖 5.6(a)與(b)所示，分為平行軸式與垂直軸式兩大類。垂直軸式不需要水平軸式的方向控制為一大特徵。

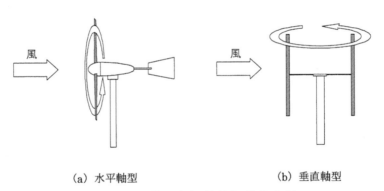

(a) 水平軸型   (b) 垂直軸型

圖 5.6　根據風車回轉軸類型的分類

若由風車的作用原理或扭矩發生型態來看，也可分類為利用風車葉片所產生的升力，或是利用阻力兩類。一般而言，阻力型風車的旋轉速度無法比作用在風車上的風速快，相對於此，升力型風車的旋轉速度可以比風速快上數倍。因此升力型風車重量越重輸出功率也越大，設計上的效率也比阻力型高。根據上述幾項特點，阻力型風車與升力型風車也分別稱作低速風車及高速風車。

(1)　水平軸風車的種類及特徵

1)　螺旋槳型風車

以風力發電用為主，螺旋槳型風車是最為廣泛使用的風車。如圖 5.7 所示，多為二葉型或三葉型，也有一葉或四葉以上的機型。葉片形狀與飛機機翼相似，為空氣力學上損失最小的設計，葉片安裝處寬大，前端窄小。另外，為了使轉子旋轉面正對風向，需要方向控制器。

圖 5.7　螺旋槳型風車

（三菱工業製，左 500kW，右 1000kW ，位於北海道室蘭）

2)　帆型風車

地中海地區的各國自古以來用以製粉或排水的風車，圖 5.8 為希臘的米科諾斯島上用來製粉的帆型風車，以三角形的布製葉片為特徵。葉片多以 6～12 片為主。

3)　荷蘭型風車

14 世紀至 19 世紀，歐洲起初用以製粉及抽水，後沿用至製紙、榨油、木材加工等多種用途，是最具代表性的風車。為了使

轉子旋轉面正對風向，整體風車木屋會根據風向轉動。從圖 5.9 小型的箱型研磨機，發展至圖 5.10 設置轉子的建築物頂部會旋轉的大型塔式研磨機。

圖 5.8　帆型風車（希臘・米科諾斯島）

圖 5.9　荷蘭風車（箱型研磨機）

4)　多翼型風車

19 世紀至本世紀，美國農場與牧場設置 600 萬台以上的抽水用風車。現在有 15～20 萬台還在使用。阿根廷及澳洲現在也還

有多座在使用。這種風車如圖 5.11 所示，擁有 20 片左右葉片，
典型的低轉速、高扭矩型風車。很容易和活塞式幫浦負載整合。

圖 **5.10**　荷蘭風車（塔型研磨機）

圖 **5.11**　美國多翼型風車

(2)　垂直軸式風車的種類與特徵

1)　打蛋形風車(Darrieus)

打蛋形風車如圖 5.12 所示，是將 2～3 片相同剖面形狀的圓
弧狀葉片的兩端安裝於垂直軸，一種形狀特異的風車。由法國人

G.J.M. Darrieus 所設計，並在 1931 年取得專利，圓弧形狀的葉片，並不是因為旋轉時離心力的變化使葉片產生彎曲，而是根據抗拉應力的作用變成跳繩狀(The troposkein shape)。無論哪個風向都可旋轉，周轉速可比風速高。因為系統程序簡單，故可將發電機等具重量的器材設置在離地面近的地方，成本相對較低。

另一方面，因為缺乏自動啟動性，獨立運作時必須與啟動扭矩大的桶形風車配合使用。

2)　旋翼型風車

這種風車的葉片為垂直安裝的對稱翼型（片數為 2～4 片），擁有自動面對風向，調整至最適角度的構造。與打蛋形非週期的控制方式相比，雖然構造比較複雜，但效率很高為其特徵。圖 5.13 為旋翼型風車的外觀。

3)　桶形風車(Savonius)

為芬蘭人 S. Savonius 於 1920 年代研發的風車，如圖 5.14 所示，是利用兩個半圓筒狀的受風斗面對面安裝所產生的離心力運轉。一般半圓筒狀葉片為兩片。葉片數多的扭矩變小，旋轉會變得順暢，但旋轉速度會下降。

此種風車為了運用風在受風斗凸側及凹側作用的阻力差，啟動扭矩大，旋轉速度低，效率在周速比等於 1 時也僅有 15～20%。另外，如圖 5.15 所示，將其葉片扭轉，試圖提昇設計性與高速化。

4)　划槳翼型風車

划槳翼型風車可說是歷史最悠久的風車。利用施加在受風側上的氣流阻力差得到扭矩。有多種變形，為了減少回轉處背側的阻力，也有特別做遮風設計的機型。圖 5.16 上部所展示的為最單純的杯型或是風杯型風車，運用在魯賓遜風速計等處。

5)　交叉氣流型風車

此種風車是用多片細長的曲面板葉片沿著上下圓板的圓周安裝，與洞穴用的離心式風機及低落差用小水力發電的渦輪形狀類似。利用葉片凹面與凸面的阻力差得到驅動力，並在葉片凹面作用，流入轉子內部的貫穿氣流再由凸面的氣流方向流出，此時

帶來附加的驅動扭矩。功率係數的最大值約低至 10%，其對應的
周速比也僅在 0.3 左右，啟動扭矩增加，低風速也可以回轉，以
及低噪音為其特色。圖 5.16 下部以及圖 5.17 為交叉氣流型風車
的照片。另外，圖 5.17 上下兩段的交叉氣流型風車為反向安裝。

圖 5.12　打蛋形風車（英國‧威爾斯的 CAT）

圖 5.13　旋翼型風車（美國柯羅拉多州的岩石台地）

圖 **5.14** 桶形風車（足立工業大學「風與光的廣場」）

圖 **5.15** 扭轉桶形風車（芬蘭 Windside 公司提供）

圖 5.16　風杯型風車（上部）與交叉氣流型風車（下部）

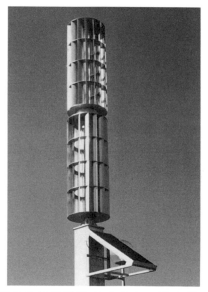

圖 5.17　雙重反轉交叉氣流型風車（足立工業大學。石田製作所製）

5.1.3　風車的性能評估

當要評估各種風車的性能時，普遍以無次元的特性係數來表示性能較為方便。運用在風車性能評估上的特性係數有功率係數、扭矩係數、推力係數、周速比、以及弦周比(Solidity)等。

(1)　功率係數(power coefficient)

風車從自然風中可取出的功率比例，稱為功率係數C_P，根據(5.17)式得出下列算式。

$$C_P = \frac{P_e}{\frac{1}{2}\rho A V_\infty^3}$$ (5.19)

P_e　：實得動力　[Nm/s]

ρ　：空氣密度　[kg/m^3]

A　：受風面積　[m^2]

V_∞　：風速　[m/s]

功率係數的最大值由蘭徹斯特及貝茲發現，理想風車為 0.593，高性能螺旋槳風車為 0.45，阻力型的桶形風車則是 0.15～0.20 左右。

(2)　扭矩係數(torque coefficient)

風車的扭矩，升力型風車為在葉片旋轉面產生的升力所造成的力矩，阻力型風車則係產生的阻力成分造成的力矩。

因此扭矩係數C_Q如下列算式所示。

$$C_Q = \frac{Q_e}{\frac{1}{2}\rho V_\infty^2 AR}$$ (5.20)

但是，C_Q：實得扭矩　[Nm]

R　：風車半徑　[m]

(3)　推力係數(thrust coefficient)

作用於風車的推力，可想為作用於風車葉片的風將風車往後方推擠的力[5]。

因此，推力係數C_T如下列算式所示。

$$C_T = \frac{T_e}{\frac{1}{2}\rho A V_\infty^2} \tag{5.21}$$

T_e：作用於風車的推力

(4)　周速比(tip speed ratio)

為了表示風車的性能，定義「風車葉片尖端速度與風速的比值」為周速比 λ。

算式如下列所示。

$$\lambda = \frac{\omega R}{V_\infty} = \frac{2\pi R n}{V_\infty} \tag{5.22}$$

n：風車轉速 [rps]

螺旋槳型風車等升力型風車的葉尖旋轉速度有約為風速 5～10 倍的情況，因此，在同樣周速比的情況下，大型風車的轉速低，小型風車的轉速高。

圖 5.18 為各種風車的扭矩係數與周速比的關係圖，圖 5.19 則是功率係數與周速比的關係圖。

從這些圖表可得知，升力方式的螺旋槳型風車或打蛋形風車扭矩係數小，功率係數大，為適合發電等用途的高轉速、低扭矩型風車。

另一方面，桶形風車或多翼型風車功率係數小，扭矩係數大，為適合驅動幫浦的低轉速、高扭矩型風車。

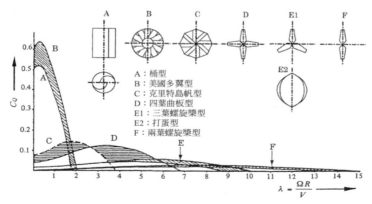

A：桶型
B：美國多翼型
C：克里特島帆型
D：四葉曲板型
E1：三葉螺旋槳型
E2：打蛋型
F：兩葉螺旋槳型

圖 5.18　各種風車的扭矩特性

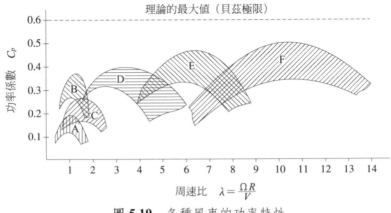

圖 **5.19**　各種風車的功率特性

(5) 弦周比**(solidity)**

　　弦周比（投影面積比）為決定風車性能特徵的重要係數之一。弦周比是「風車掃過的面積與轉子、葉片的全投影面積的比值」。此處的投影面積是風車旋轉軸對垂直面的投影。風車的周速比與投影面積比間的關聯性大。因此，如圖 5.20 及圖 5.21 所示，水平軸型風車中，葉片數多的美國多翼型風車的弦周比比螺旋槳型風車大，垂直軸型風車中，桶形風車的弦周比比打蛋形的大。

圖 **5.20**　水平軸風車的弦周比

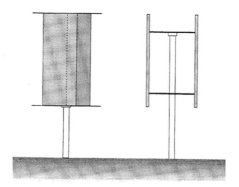

圖 5.21　垂直軸式風車的弦周比

A.貝茲列出下列算式表示風車取出最大功率時的弦周比 σ。

$$\sigma = \frac{1}{C_L} \frac{16}{9} \left(\frac{V_\infty}{\omega R}\right)^2 \frac{1}{\sqrt{1 + \frac{4}{9}\left(\frac{V_\infty}{\omega R}\right)^2 \left[1 - \frac{3}{2} k \frac{\omega R}{V_\infty}\right]}} \tag{5.23}$$

C_L：升力係數

ω ：轉子的角速度

k ：阻力/升力比

　　對升力型風車而言，(5.23)式的最後一項以周速比 $\lambda = \omega R / V_\infty$ 代入後，其值幾乎等於 1。

(5.23)式的近似值可如下式所示。

$$\sigma \doteqdot \frac{1}{C_L} \frac{16}{9} \left(\frac{1}{\lambda}\right)^2 \tag{5.24}$$

　　即風車的弦周比與周速比倒數的 2 次方成比例關係，可得知轉子旋轉速高的風車弦周比小。

　　圖 5.22 為根據(5.24)式所計算出的風車的弦周比與周速比關係。

　　發電需要高轉速，因此使用弦周比小的 2 片或 3 片葉片的高轉速風車，因為起動扭矩小，起動風速不高。另一方面，抽水幫浦用風車需要

高啟動力矩，僅需低轉速，需使用弦周比大、葉片數多的風車。

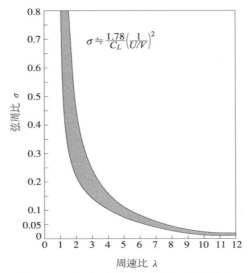

$$\sigma \doteq \frac{1.78}{C_L}\left(\frac{1}{U/V}\right)^2$$

圖 5.22   風車弦周比與周速比的關係

另外，垂直軸打蛋形風車或旋翼型風車的弦周比以下列算式定義。

$$\sigma = \frac{ZC}{2\pi R} \tag{5.25}$$

C：葉片弦長

Z：葉片數

R：轉子旋轉半徑

(6) 風力發電的系統效率

風力發電系統各基本元件的設計如圖 5.23(a)所示，能量流動與元件效率如圖 5.23(b)。各階段功率比或效率如下。

風力渦輪的效率：$\dfrac{P_{ex}}{P_w} = C_P$

齒輪箱的效率：$\dfrac{P_g}{P_{ex}} = \eta_{gb}$

發電機的效率：$\dfrac{P_e}{P_g} = \eta_g$

各階段的系統總和效率 η 為

$$\eta = \frac{\text{風機輸出功率}}{\text{風具有的功率}} = \frac{P_e}{P_w} = \frac{P_{ex}}{P_w} \times \frac{P_g}{P_{ex}} \times \frac{P_e}{P_g} \tag{5.26}$$

將(5.26)式與各元件效率組合

$$\eta = \frac{P_e}{P_w} = C_P \cdot \eta_{gb} \cdot \eta_g \tag{5.27}$$

數 kW 等級的小型風車系統，總和效率 η 約為 20～25%。電力輸出如下式。

$$P_e = C_P \cdot \eta_{gb} \cdot \eta_g \cdot P_w = C_P \cdot \eta_{gb} \cdot \eta_g \cdot \frac{1}{2} \rho A V^3 \tag{5.28}$$

2～3 葉片的螺旋槳型風車渦輪的 C_P 值：

$C_P = 40～50\%$：大型風車（100kW～3MW）

$\quad = 20～40\%$：小型風車（1kW～100kW）

$\quad = 35\%$：微型風車（1kW 以下）

齒輪箱的效率與轉速有關，根據額定轉速，η_{gb} 值：

$\eta_{gb} = 80～95\%$（大型風車）

$\quad = 70～80\%$（小型風車）

發電機的輸出功率隨轉速變化效率也會改變。

機械式旋轉的能量轉變為電能的過程中，會產生熱能。在額定轉速下：

$\eta_g = 80～95\%$（大型風車）

$\quad = 60～80\%$（小型風車）

根據以上說明，大型系統可得到比小型系統高的效率。一般而言，擴大規模的同時，效率也會提昇。

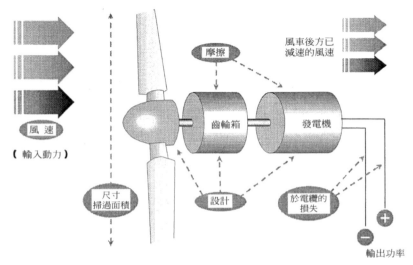

(a) 為風力發電系統基本要素的版面設計

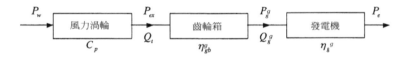

(b) 風力發電系統的要素效率

圖 5.23   風力發電系統的基本元件與效率

(7)   軸的扭矩與功率

風車的功率為風車轉速與扭矩的乘積，關係如下所示。

$$P = Q\omega \tag{5.29}$$

也就是功率 P [W]為 Q [N－m]與旋轉角速度 ω [rad/s]的乘積。根據圖 5.23 有下列關係式。

$$Q_t = \frac{P_{ex}}{\omega_t} \tag{5.30}$$

$$Q_g = \frac{P_g}{\omega_g} \tag{5.31}$$

風力發電機依風力渦輪的旋轉力，使相當大的扭矩作用在旋轉主軸

上。

承受扭矩 Q 下，風車主軸任意半徑位置的扭轉剪應力 τ_s (torsional shearing stress)為

$$\tau_s = \frac{Qr}{I_P} \quad [\text{N/m}^2] \tag{5.32}$$

剖面的極慣性矩 I_P (polar moment of inertia of area)單位為 m^4。直徑 d_0（半徑 r_0）的實心旋轉軸 I_P 值為

$$I_p = \frac{\pi}{32} d_0^4 = \frac{\pi r_0^4}{2} \quad [\text{m}^4] \tag{5.33}$$

將(5.32)式與(5.33)式組合後。得直徑 d_0（半徑為 r_0）的實心旋轉軸表面上的剪應力為

$$\tau_s = \frac{2Q}{\pi r_0^3} = \frac{32 Q r_0}{\pi d_0^4} \quad [\text{N/m}^2] \tag{5.34}$$

[例題 5.2]

某螺旋槳型風車的設計風速為 12m/s，周速比 $\lambda = 6$ 可得最大輸出功率係數。轉子直徑為 30m，轉速約多少？

[解]

將風速 $V = 12$ m/s，周速比 $\lambda = 6$ 帶入(5.22)式

$$\lambda = \frac{r\omega}{V} = \frac{u}{V}$$

葉尖速 $u = r\omega = \lambda V = 6 \times 12 = 72$ [m/s]

因為直徑 $D = 30$，半徑 $r = D/2 = 15$ m，轉速 $\omega = \dfrac{u}{r} = \dfrac{72}{15} = 4.8$ rad/s

另外 $\omega = \dfrac{2\pi n}{60}$，所以 $n = \dfrac{60\omega}{2\pi} \fallingdotseq 46$rpm

[例題 5.3]

以強風著稱的英國奧克尼群島如圖 5.24 所示，3MW 風車（額定風速為 17m/s）的轉子直徑為 60m。試求此風車的功率係數。空氣密度 $\rho = 1.29$kg/m^3。

[解]

$$P_w = \frac{1}{2}\rho A V^3 = \frac{1}{2} \times 1.29 \times \frac{\pi(60)^2}{4} \times 17^3 = 8959.8 \text{ kW}$$

因輸出功率 $P_e = 3\,\text{MW}$，

$$總和效率\ \eta = \frac{3 \times 10^6}{8959.8 \times 10^3} = 0.335$$

總和效率 $\eta = C_P \cdot \eta_{gb} \cdot \eta_g$，若 $\eta_{gb} = 0.90$，$\eta_g = 0.90$

$$功率係數\ C_P = \frac{\eta}{\eta_{gb} \cdot \eta_g} = \frac{0.335}{0.9 \times 0.9} = 0.414$$

[例題 5.4]

考慮(1)大型風力發電系統與，(2)小型風力發電系統於各階段的實際效率，試求總和效率的典型值。

[解]

(1) 大型風力發電系統，典型的各階段效率為

$C_P = 0.42$ ($C_P = 0.40 \sim 0.50$)

$\eta_{gb} = 0.85$ ($\eta_{gb} = 0.80 \sim 0.95$)

$\eta_g = 0.92$ ($\eta_g = 0.80 \sim 0.95$)

根據(5.27)式，總和效率為

$\eta = 0.42 \times 0.85 \times 0.92 = 0.33$ (33%)

(2) 小型風力發電系統，典型的各階段效率為

$C_P = 0.30$ ($C_P = 0.20 \sim 0.40$)

$\eta_{gb} = 0.75$ ($\eta_{gb} = 0.70 \sim 0.80$)

$\eta_g = 0.70$ ($\eta_g = 0.60 \sim 0.80$)

根據(5.27)式，總和效率為

$\eta = 0.30 \times 0.75 \times 0.70 = 0.16$ (16%)

根據上述結果，大型風車的總和效率約為小型風車的兩倍。

經濟上的規模優勢論也是由此產生。

圖 **5.24**　英國奧克尼群島的 3MW 風力發電機

[例題 5.5]

　一額定風速 2MW 的風力發電裝置，各階段的效率 C_P=0.32，η_{gb}=0.94，η_g=0.96。此風車的掃過面積為多少？若轉子為水平軸螺旋槳翼型時，轉子直徑為多少？空氣密度 ρ=1.29 kg/m³，風速 13m/s。

[解]

　　　　總和效率 η=0.32×0.94×0.96=0.29

風車電力輸出功率 $P_e = 2\,\mathrm{MW}$，P_w 值為

$$P_w = \frac{P_e}{\eta} = \frac{2 \times 10^6}{0.29} = 6.9 \times 10^6\,\mathrm{W}$$

根據(5.1)式，$P_w = \frac{1}{2}\rho A V^3$，

$$6.9 \times 10^6 = \frac{1}{2} \times 1.29 \times A \times (13)^3$$

掃過面積為

$$A = \frac{\pi D^2}{4} \qquad \therefore D = 78.8\,\mathrm{m}$$

風力渦輪的效率比水力渦輪等低，因空氣密度小，直徑必須要大。

[例題 5.6]

一可產生 1.5MW 動力的風力發電機。風車轉子為水平軸 2 葉螺旋槳型風車，渦輪旋轉軸的最大容許剪應力為 $55 \times 10^6 \text{N/m}^2$。轉子設計為固定轉速 22rpm。

(1) 若風力渦輪在平均風速為 12m/s 時達到額定輸出功率，轉子直徑與周速比為多少？假設總和效率為典型值，並假設空氣密度 ρ=1.29 kg/m³。

(2) 計算渦輪軸承受的扭矩及其軸半徑。

[解]

(1) 轉子直徑：

發電機的輸出功率 P_e 為

$$P_e = 1.5\text{MW}$$

假設總和效率 $\eta = 0.3$

$$\therefore P_w = \frac{P_e}{\eta} = \frac{1.5 \times 10^6}{0.3} = 5 \times 10^6 \text{ W}$$

因為額定風速為 12m/s，根據 $P_w = \frac{1}{2}\rho A V^3$，掃過面積 A 為

$$\therefore A = \frac{2 \times 5 \times 10^6}{1.29 \times (12)^3} = 4486 \text{ m}^2$$

直徑 D 為 $A = \frac{\pi D^2}{4}$

$$D = \sqrt{\frac{4 \times 4486}{\pi}} = \sqrt{5712} = 76 \text{ m}$$

周速比為：

$$\lambda = \frac{r \cdot \omega}{V}$$

$$r = \frac{D}{2} = 38 \text{ m}$$

$$\omega = 22 \times \frac{2\pi}{60} = 2.3 \text{ rad/s}$$

$$\therefore \lambda = \frac{38 \times 2.3}{12} = 7.28$$

(2) 施加在風力渦輪上的扭矩為

$$Q = \frac{P}{\omega} = \frac{1.5 \times 10^6}{2.3} = 0.652 \times 10^6 \quad \text{Nm}$$

此處的剪應力為

$$\tau_s = \frac{Q \cdot r}{I_p} = \frac{Q \cdot r}{\dfrac{\pi r^4}{2}} = \frac{2Q}{\pi r^3}$$

軸半徑 r 是，

$$\therefore \quad r^3 = \frac{2Q}{\pi \tau_s} = \frac{2 \times 0.652 \times 10^6}{\pi \times 55 \times 10^6} = 0.00755 \ \text{m}^3$$

$$\therefore \quad r^3 = \frac{7.55}{1000}$$

$$r = \frac{\sqrt[3]{7.55}}{10} = \frac{1.96}{10} = 0.196 \ \text{m}$$

因此風力渦輪的軸半徑為 19.6cm

5.2　翼型、升力與阻力 [5]

前一節討論整個轉子，本節要說明作用在旋翼葉片上的升力及阻力，以及葉片的運動。

不止是翼型，力會作用置於均勻流中的任何物體，力的方向一般不與均勻流的方向平行，這個條件相當重要，因為這會是升力的一部分。以下將說明為何會有與均勻流方向垂直的力。均勻流方向的力稱為阻力。施於不規則物體及翼型葉片物體的力如圖 5.25 所示。

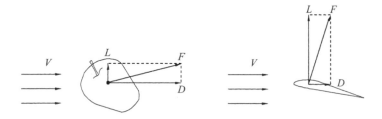

圖 5.25　置於均勻流中的物體所承受的力

置放在均勻流中的物體，承受力 F，F 的方向一般不平行於均勻流。F 的兩個成份－升力與阻力的大小，與物體的形狀有很大的關聯。

依物理學用語，因翼型物形狀的影響，會引起翼型周圍流體速度與方向的改變。如圖 5.25 所示，翼型上側的速度較下側快。根據白努利定理，可得知上側壓力較下側壓力低，產生向上的力 F。

翼型的升力及阻力通常使用以下無因次的升力係數及阻力係數。

$$升力係數\ C_L = \frac{L}{\frac{1}{2}\rho AV^2} \tag{5.35}$$

$$阻力係數\ C_D = \frac{D}{\frac{1}{2}\rho AV^2} \tag{5.36}$$

ρ ：空氣密度 [kg/m^3]

V ：均勻流的風速 [m/s]

A ：葉片投影面積 [m^2]

這些無因次的升力及阻力係數是在風洞中，不同攻角 α 中測出。攻角為風場方向與翼型的翼弦線之間的角度，曲板(plate)的翼弦線單純為前端與後端的連結線，翼型的翼弦線則為後端與前端彎曲率的最小半徑中心的連結線。

翼型的 C_L 與 C_D 值是依風速變化，更精準的說法是隨雷諾數 Re 而改變。雷諾數是流體力學中重要的無因次變數，若 V 為風速、C 為物體的特性長度（此處為翼型的弦長）、ν 為流體的黏性（20°C 的空氣中，ν 的值為 1.5×10^{-6} m^2/s），則 $Re = VC/\nu$。

若雷諾數的影響為次要，可忽視其影響，$C_L - \alpha$ 與 $C_L - \alpha$ 曲線（後者的 α 為變數）的例子如圖 5.26 所示。

從原點拉至 $C_L - C_D$ 曲線的切線上，C_D/C_L 的最小比值表示攻角。這個比值將於次節說明，特別是在高周速比時決定可能到達的功率係數。

最小 C_D/C_L 比值的 α 與 C_L 值是在設計過程中重要的變數，表 5.2 為數種翼型的典型值。

作用在水平軸風車轉子的葉片上的升力與阻力究竟扮演何種角色？為了說明，圖 5.27 為從葉片的前段往根部看時，葉片剖面的風速分佈示

意圖。

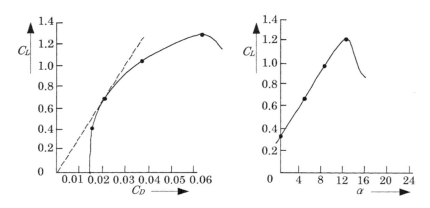

圖 5.26　作用於翼型的升力及阻力係數

表 5.2　數種翼型的 C_D/C_L 最小比值與 α 及 C_L 的典型值。

		C_D/C_L	α	C_L
平板	——	0.1	5°	0.8
曲面板 （曲率 10%）	⌒	0.02	3°	1.25
曲面板 （凹面有支撐棒）	⌒	0.03	4°	1.1
曲面板 （凸面有支撐棒）	⌒	0.2	14°	1.25
翼型 NACA4412	◁	0.01	4°	0.8

作用於葉片的相對風速 W 是將兩個部份合成得出。即

1)　入流風速為 V，減速至葉片剖面時為 $(1-a)V$。

2)　風在轉子平面上，依葉片的旋轉運動加速。在葉片剖面上的風速比葉片的旋轉運動 Ωr。Ωr 的微幅增減是根據轉子後方的跡流所產生（參照 6.1 節）。

相對風速 W 與轉子平面間所形成的夾角為 ϕ。作用於葉片剖面的相對風速 W 所產生的升力 L，根據定義與 W 垂直。依此結果可得 L 與轉子平面之間的角度為 $90° - \phi$，轉子平面上的升力前進成分（風車轉子的驅動力）等於 $L\sin\phi$。另一方面，轉子平面上的阻力大小為 $D\cos\phi$。在定轉速下，這兩個分量的值相等，但符號相異。

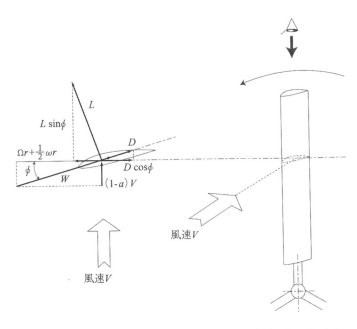

圖 5.27　由旋轉軸觀察作用在距離軸心 r 葉片剖面的受力

5.3　最大功率係數[5]

水平軸型風車轉子的最大功率係數為 16/27 或 59.3%，如前述是根據 A.貝茲(1920)的發現，單純解析軸方向的運動量得出。但，這是無限片數葉片沒有阻力的理想風車轉子的功率係數。實際上有三個因素會使最大功率係數減少。

1)　轉子後方的跡流(wake)

2)　有限的葉片片數

3)　C_D/C_L 的比值不為零

　　轉子後方旋轉跡流的產生如圖 5.28 所示，將旋轉跡流想像為與朝向靜止的多翼型風車葉片方向旋轉便可理解。轉子葉片之間的空氣通路在此例中，葉片向左方移動，但空氣的流動則偏向右側。結果造成跡流的旋轉，這表示動能有多餘的損失，因此造成功率係數減少。

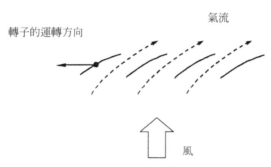

圖 5.28　風車轉子後方旋轉跡流的產生

　　弦長較小的葉片，高周速比小型風車，夾角 ϕ 較小，跡流旋轉的影響會變小，假設其他兩者不會對無限大的周速比造成影響，即可達貝茲係數。

　　在有限葉片片數及低周速比的情況下，因葉片尖端周圍的壓力洩漏，會造成風機功率的減少。即翼型下側的高壓與上側的低壓在葉片尖端會合時，葉片尖端產生交叉氣流，結果翼型尖端部份的壓力差減少，升力接近於零。整體葉片的細長比(Aspect ratio)決定此葉尖損失的影響，細長比越大葉尖損失越小。為了設計預期周速比的轉子，可從多種葉片中選擇，如弦長短、葉片數多或弦長大、葉片數少。可知周速比固定時，葉片數少會產生較大的葉尖損失，如圖 5.29 所示，高周速比時因翼弦長變小影響也相對變小。

　　最後有關翼型 C_D/C_L 比值的影響，葉片剖面阻力大會造成周速比的下降，造成最大功率係數減少。結果如圖 5.29 所示，必須強調這些曲線

不是 $C_P - \lambda$ 曲線，而是 $C_{P\max} - \lambda$ 曲線。根據這些曲線，依周速比、葉片數 B 和 C_D / C_L 比值等變數，來獲得可能達到的最大功率係數。

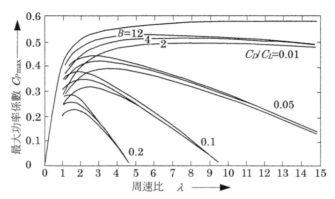

圖 **5.29**　功率係數的最高值與葉片數和升力阻力比的影響

5.4　轉子的設計

葉片轉子設計（沿長度方向）的幾個重點，如圖 5.30 所示，以求出弦長 C 與設定角 β 的值為主要課題。以下的計算在探討轉子"設計"在最大功率係數狀態。最大功率係數狀態時，λ、C_L 及 α 的值分別為 λ_d、C_{Ld} 及 α_d。

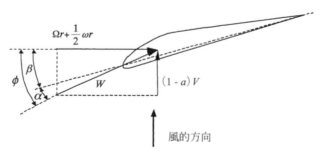

圖 **5.30**　風車葉片的攻角 α 與設定角度 β。

選定以下變數的對應值。

對於轉子，　R：半徑

　　　　λ_d：設計周速比

　　　　B：葉片片數

對於翼型，　C_{Ld}：設計升力係數

　　　　α_d：設計攻角

轉子的半徑 R 是根據其地區擁有的平均風速 V 與風速分佈，並考量一年（或月）的能量需求 E 所計算。抽水用風車可用簡單的近似值用下列算式求出。

$$E = 0.1 \times \frac{1}{2} \times \rho \times \pi R^2 \times V^3 \times T \quad [\text{Wh}] \tag{5.37}$$

　　T：以小時表示時間長度

此近似值與平均風速相等時，即 $V_d = \overline{V}$ 時最為妥當。發電用的風力渦輪的係數可從 0.1 增加至 0.15，效率非常高的風車有時則可增至 0.2 或以上。選擇設計周速比 λ_d 與葉片片數 B 時，兩者的關係如表 5.3 所示。

表 **5.3**　設計周速比與葉片片數的選擇方法

λ_d	B
1	6-20
2	4-12
3	3-6
4	2-4
5-8	2-3
8-15	1-2

設計周速比 λ_d 是根據負荷的種類決定，如驅動活塞幫浦的抽水風車 $1 < \lambda_d < 2$，發電用的風力渦輪的範圍為 $4 < \lambda_d < 10$。

翼型的資料根據表 5.2 選擇。根據以下四式，可得到關於葉片設定角度 β 與弦長 C 的必要資料。

　　弦長　　　　　$: C = \frac{8\pi r}{B C_{Ld}}(1 - \cos\phi) \tag{5.38}$

葉片設定角　　　：$\beta = \phi - \alpha$　　　　　　　　　　　　　(5.39)

流入角　　　　　：$\phi_r = \dfrac{2}{3} \tan^{-1} \dfrac{1}{\lambda_r}$　　　　　　　　　(5.40)

局部周速比　　　：$\lambda_{rd} = \lambda_d \times \dfrac{r}{R}$　　　　　　　　　(5.41)

　　在此詳述下列例題所使用的設計順序。此時的轉子為 SWD 程序的一部分，為荷蘭愛因荷芬工科大學的 A. Clarket 所設計，此轉子是用以驅動往返運動活塞式幫浦。

$R = 1.37 \ \ [m]$

$B = 6$

$\lambda_d = 2$

$C_{Ld} = 1.1$（曲率 10%的曲板翼型）

$\alpha_d = 4°$　安裝管置於凹側（參考表 5.2）

　　若 C_{Ld} 的半徑方向各位置的升力係數維持一定，設計順序變相當簡單。此時弦長 C 與設定角 β 會變化。如果製作方法簡單，考慮設計一定弦長的葉片時，升力係數會沿著葉片改變。

5.4.1　一定升力係數

　　此方法為計算葉片半徑方向不同位置的弦長 C 與設定角 β。選擇四個位置並使用(5.38)~(5.41)式求相關變數，結果如表 5.4 與圖 5.31 所示。

　　如圖 5.31 顯示，葉片弦長會沿著葉片半徑方向持續改變。另外，設定角也有變化，這種扭轉(twist)不是沿著葉片直線變化。

　　要滿足兩項變數 β 與 C 會造成葉片製作較困難。因此，要追求不犧牲轉子性能，並更簡單的設計方式，其中方法之一便是弦長一定的葉片。

表 **5.4**　一定升力係數，直徑 2.74m、葉片數 6，弦長與設定角的計算

位置	r [m]	λ_{rd}	ϕ	α_d	β	C [m]
1	0.34	0.5	42.3°	4°	38.3°	0.337
2	0.68	1.0	30.0°	4°	26.0°	0.347
3	1.03	1.5	22.5°	4°	18.5°	0.298
4	1.37	2	17.7°	4°	13.7°	0.247

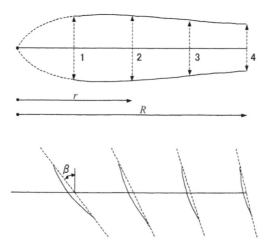

圖 5.31　沿著葉片長四個位置的葉片形狀與設定角

5.4.2　一定弦長

由(5.38)式可看出一定弦長下，沿著葉片不同半徑位置的升力係數有所改變。

$$C_L = \frac{8\pi r}{BC}(1 - \cos\phi) \tag{5.42}$$

升力係數的改變是因攻角的改變所造成，因此必須將(5.38)~(5.14)四式相加，得到下列第五關係式。

$$C_L = C_L(\alpha) \tag{5.43}$$

此 $C_L(\alpha)$ 於此例題中的對應圖表如圖 5.32 所示。此轉子的葉片尺寸根據標準金屬板尺寸決定。

也就是說，6 片葉片從 1×2m 的薄鋼板取出只能有最小額的損耗。結果，無彎曲的平板葉片尺寸為 0.333×1m，曲板葉片（曲度 10%）的弦長為 0.324m。

為了計算，選擇位置如表 5.5 所示。將葉片固定至安裝臂上。葉片最終的形狀如圖 5.33。

表 **5.5**　一定弦長的 6 片葉片轉子的升力係數 α 及 β

位置	R[m]	λ_{rd}	ϕ	C[m]	C_L	α	β	最終設定角 β
1	0.50	0.73	35.9°	0.324	1.23	6.4°	29.7°	27°
2	0.86	1.26	25.7°	0.324	1.10	3.6°	22.1°	23°
3	1.22	1.78	19.6°	0.324	0.91	0.2°	19.3°	19°

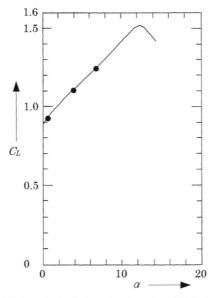

圖 **5.32**　於凹側附上安裝管的曲板（曲率 10%）翼型的升力係數

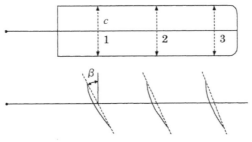

圖 **5.33**　一定弦長六片葉片風車轉子的葉片形狀與設定角

　　表 5.5 中,最後所選擇的設定角與理論上有些微的差異。這是考慮曲板葉片具有非線形的扭轉,故製作困難,所作的調整。角度通常取整數值。

　　將此一定弦長的轉子製成直徑為 1.5m 的模型,在直徑 2.2m 的吹出型風洞出口進行實驗,得到的 $C_P - \lambda$ 結果如圖 5.34 所示。

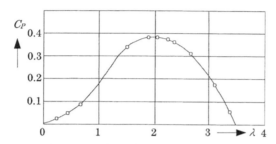

圖 5.34　一定弦長曲板六片葉片 SWD2740 轉子的 $C_P - \lambda$ 曲線。

5.5　翼型獲得的功率 [5]

　　為了瞭解從翼型取得動力的過程,可分析帆船或航海學的行為。阻力驅動型與升力驅動型裝置的相異性上特別實用。本節引用 B. Sorensen 的"Renwable Energy" [9]。

　　使用圖 5.35 所示的速度與角度關係進行解析。圖 5.35 除了風向以和翼型移動平面垂直方向的 δ 角度流入以外與圖 5.27 幾乎相同。

　　δ 角度之後會成為水平軸風車轉子的橫搖角(yaw angle)。

　　翼型從風能取出的動能由下式求得。

$$P = F_U U \tag{5.44}$$

F_U 為 U 方向的力。

　　此力含有升力與阻力的成份。

$$F_U = L \sin\phi - D \cos\phi \tag{5.45}$$

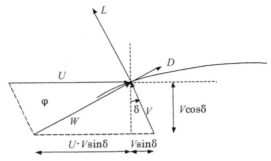

圖 5.35　風速 V、旋翼速度 U 作用下的速度分量

升力與阻力根據 5.2 節得到下列算式。

$$L = C_L cb \frac{1}{2} \rho W^2 \tag{5.46}$$

$$D = C_D cb \frac{1}{2} \rho W^2 \tag{5.47}$$

c：帆（葉片）的弦長

b：帆（葉片）的長度

相對速度 W 以 U 及 V 如下列表示。

$$W^2 = V^2 + U^2 - 2UV \sin \delta \tag{5.48}$$

另一方面，ϕ 與 δ 以下列關係連結。

$$\sin \phi = \frac{V \cos \delta}{W} \quad , \quad 及 \quad , \quad \cos \phi = \frac{U - V \sin \delta}{W}$$

代入與周速比 λ 對應的速度比 $\lambda = U/V$，功率如下式表示。

$$P = cb \frac{1}{2} \rho V^3 \lambda \left\{ \sqrt{\left(1 + \lambda^2 - 2\lambda \sin \delta\right)} \times \left(C_L \cos \delta - C_D \left(\lambda - \sin \delta\right)\right) \right\} \tag{5.49}$$

需注意空氣施予翼型的動能為 $cb \frac{1}{2} \rho V^3$。

在此可分為兩種案例。分別為阻力推進與升力推進。阻力推進是在假設翼型的升力係數為零時。根據(5.49)式，$\delta = 90°$ 時 $\sin \delta = 1$，可知當僅靠風力推動時，功率依然為 λ 的函數。

$$P = cb \frac{1}{2} \rho V^3 \lambda (1 - \lambda) C_D (1 - \lambda) \tag{5.50}$$

上式中，當 $\lambda = 1/3\,(dP/d\lambda = 0)$ 時可達最大功率值。獲得的最大功率與下列算式相等。

$$P_{\max} = \frac{4}{27} C_D cb \frac{1}{2} \rho V^3 \qquad (5.51)$$

換言之，半圓筒型 C_D 的最大值為 $C_D \cong 2$，最大功率在朝迎帆面吹的風中不會超過 8/27 ($\cong 30\%$)。

升力推進的情況完全不同。風向與帆船的運動方向垂直，即 $\delta = 0$ 時，(5.49)式的最後一項為最大值。此時的功率如下式所示。

$$P = cb \frac{1}{2} \rho V^3 \lambda \sqrt{\left(1+\lambda^2\right)} \times \left(C_L - C_D \lambda\right) \qquad (5.52)$$

應用下列近似函數值，可得到(5.53)式。

$$\sqrt{\left(1+\lambda^2\right)} \cong \lambda \quad (\lambda > 5 \text{ 時，誤差 2\%以下})$$

$$P = cb \frac{1}{2} \rho V^3 \lambda^2 \left(C_L - C_D \lambda\right) \qquad (5.53)$$

最大功率值在下列等式成立時成立。

$$\lambda = \frac{2}{3} \frac{C_L}{C_D} \qquad (5.54)$$

最大功率如下式所示。

$$P_{\max} = \frac{4}{27} \left(\frac{C_L}{C_D}\right)^2 C_L cb \frac{1}{2} \rho V^3 \qquad (5.55)$$

若 $C_L / C_D = 10$，且 $C_L = 1$ 時，簡單的翼型也可以比用阻力推進方式者得到 50 倍的高輸出功率。此結果如同從實際葉片面積的約 15（$\fallingdotseq$ 400/27）倍面積取得動能，這點十分的重要。

與掃過面積比較，葉片面積較小的 2 片或 3 片葉片風車轉子，也就是弦周比小的轉子，可從全體掃過的面積取出動能。

第 6 章　風車的空氣力學

　　風車的空氣力學理論計算係應用空氣力學在飛機螺旋槳等相關領域的發展所得到的知識或經驗。

　　此章將使用基礎空氣力學理論，在風車葉片和轉子計算法中，最基本同時也是最為廣泛運用的葉片元素運動理論為論述重點。

6.1　軸方向動量理論[(1)~(5)]

　　關於軸方向的動量理論的敘述最早是在 1865 年為朗肯(Rankine)所記，之後藉由福勞得(Froud)改良。這個理論說明作用於轉子的力和流體速度之間的關係，因此可預估轉子的理想效率。之後貝茲將旋轉跡流的影響與此理論同時考量，及威爾森(Wilson)、理查曼(Lissaman)及沃克(Walker)等人對風力渦輪的空氣力學性能做詳細的解析。

　　本節的分析使用圖 6.1 所示的符號。

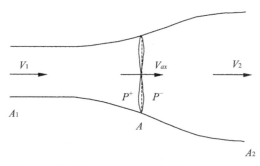

圖 6.1　風車轉子在軸方向動量理論中所包含的變數

注意本節對於非紊流風速 V_1，之後會以記號 V 表示。

軸方向動量理論的基本假設如下：

1) 不可壓縮流體

2) 不存在摩擦阻力

3) 葉片片數無限多

4) 均勻流場

5) 轉子面（全體）承受均勻推力

6) 不會旋轉的尾流

7) 轉子的無限前方及後方不是紊流且與周圍靜壓力相等

如圖 6.1 所示的管流可由質量守恆定律得出下列關係式。

$$\rho A_1 V_1 = \rho A V_{ax} = \rho A_2 V_2 \tag{6.1}$$

作用於轉子的推力 T，根據流體流出與流入動量變化推算。

$$T = \rho A_1 V_1^2 - \rho A_2 V_2^2 \tag{6.2}$$

應用(6.1)式，(6.2)式可改寫如下

$$T = \rho A V_{ax}(V_1 - V_2) \tag{6.3}$$

另外，推力 T 可依據轉子面前後的壓力差計算。

$$T = (P^+ - P^-)A \tag{6.4}$$

流場前方與後方的白努利方程式為

$$\text{轉子前方：} P + \frac{1}{2}\rho V_1^2 = P^+ + \frac{1}{2}\rho V_{ax}^2 \tag{6.5}$$

$$\text{轉子後方：} P^- + \frac{1}{2}\rho V_{ax}^2 = P + \frac{1}{2}\rho V_2^2$$

由此可得下列算式。

$$P^+ - P^- = \frac{1}{2}\rho(V_1^2 - V_2^2) \tag{6.6}$$

將(6.6)式代入(6.4)式。

$$T = \frac{1}{2}\rho A(V_1^2 - V_2^2) \tag{6.7}$$

比較(6.7)式與(6.3)式，可得到下列重要關係式。

$$V_{ax} = \frac{1}{2}(V_1 + V_2) \tag{6.8}$$

定義軸方向誘導係數 a 如下

$$V_{ax} = V_1(1-a) \tag{6.9}$$

代入(6.8)式，可得跡流流速為

$$V_2 = V_1(1-2a) \tag{6.10}$$

轉子所吸收的功率等於通過轉子面的動能變化。

$$P = \frac{1}{2}\rho A V_{ax}\left(V_1^2 - V_2^2\right) \tag{6.11}$$

$\rho A V_{ax}$ 為通過轉子的質量流量。

將(6.9)式與(6.10)式代入(6.11)式，則功率算式改寫如下。

$$P = 4a(1-a)^2 \frac{1}{2}\rho A V_1^3 \tag{6.12}$$

P 的最大值在 $dP/da = 0$ 時可得，

$$a = \frac{1}{3} \quad (\, a=1 \text{ 不適用}\,) \tag{6.13}$$

代入(6.12)式可得 P 的最大值。

$$P = \frac{16}{27} \times \frac{1}{2}\rho A V_1^3 \tag{6.14}$$

此係數 16/27 在 5.1 節說明過，稱為貝茲係數。表示理想條件中轉子可從流場中取出的最大比例。這個比例與流入面積 A 的動能有相關性。實際上只有通過 $A_1 = A(1-a)$ 面積流體才能接觸轉子，因此就通過面積 A_1 的流體而言，最大效率等於 $\frac{16}{27} \times \frac{3}{2} = \frac{8}{9}$。

知道轉動中的轉子也包含有角動量（扭矩）後，必須將轉子的前方及後方流體修正成全為橫軸方向流動的理想狀態。因轉子扭矩反作用力，使轉子後方的流體向反方向旋轉。

此種旋轉表示風車轉子的動能損失，扭矩大，損失也大。結論是，低旋轉的風車轉子（周速比低，扭矩高）比扭矩小、高周速比的風車會有更大的旋轉損失。圖 5.29 的曲線僅在高周速比時接近貝茲界限上限可說明其原因。

為了說明沿著葉片的力矩變化，使用圖 6.2 的環狀管流模型進行分析。

假設環狀半徑為 r，厚度為 dr，環狀管的剖面積為 $2\pi r dr$。想像觀察者沿著葉片一起行動，葉片面的壓力差可使用白努利方程式推導。若相

對角速度從 Ω 增大為 $\Omega+\omega$，速度的橫軸方向成分不變，可得下列算式。

$$P^+ - P^- = \frac{1}{2}\rho(\Omega+\omega)^2 r^2 - \frac{1}{2}\rho\Omega^2 r^2$$

或

$$P^+ - P^- = \rho\left(\Omega+\frac{1}{2}\omega\right)\omega r^2 \tag{6.15}$$

因此，對於轉子環狀元素部份的推力如下

$$dT = \rho\left(\Omega+\frac{1}{2}\omega\right)\omega r^2 2\pi r\,dr \tag{6.16}$$

設螺旋線方向的誘導係數為 a'

$$a' = \frac{\frac{1}{2}\omega}{\Omega} \tag{6.17}$$

代入(6.16)式後，推力如下列算式所示。

$$dT = 4a'(1+a')\frac{1}{2}\rho\Omega^2 r^2 2\pi r dr \tag{6.18}$$

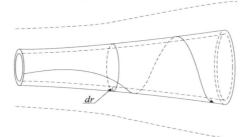

圖 **6.2**　尾流(wake)旋轉的流線模型

從橫軸方向動量理論亦可推論出與(6.18)相似內容，取(6.9)與(6.12)式代入(6.7)式，導入橫軸方向環狀剖面後的誘導係數 a，得下列方程式

$$dT = 4a(1-a)\frac{1}{2}\rho V^2 2\pi r dr \tag{6.19}$$

其結果如下列關係式所示。

$$\frac{a(1-a)}{a'(1+a')} = \frac{\Omega^2 r^2}{V^2} = \lambda_r^2 \tag{6.20}$$

此關係式之後會再使用到。

除了作用於轉子的推力計算式外，亦可導出作用於轉子的扭矩計算式。利用角動量守恆原理，作用於轉子的扭矩必須等於跡流的角動量變化。

$$dQ = \rho V_{ax} 2\pi r\, dr \times \omega r \times r \tag{6.21}$$

此處的 $\rho V_{ax} 2\pi r\, dr$ 為質量流量。

將(6.9)式及(6.17)式的橫軸方向及螺旋線方向的誘導係數（注意由 $V_1 \to V$）代入，轉子環狀元素的扭矩算式如下列所示。

$$dQ = 4a'(1-a)\frac{1}{2}\rho V\Omega r 2\pi r\, dr \tag{6.22}$$

產生的動能為 $dP = \Omega dQ$，因此總體的功率如下式。

$$P = \int_0^R \Omega dQ \tag{6.23}$$

局部周速比 λ_r 如下式表示。

$$\lambda_r = \frac{\Omega r}{V} \tag{6.24}$$

因此功率可改寫如下。

$$P = \frac{1}{2}\rho A V^3 \times \frac{8}{\lambda^2}\int_0^\lambda a'(1-a)\lambda_r^3 d\lambda_r \tag{6.25}$$

求得功率係數 C_P 如下式。

$$C_P = \frac{8}{\lambda^2}\int_0^\lambda a'(1-a)\lambda_r^3 d\lambda_r \tag{6.26}$$

為求 $a'(1-a)$ 的最大值，使用(6.20)的關係式將 a' 以 a 表示。

$$a' = -\frac{1}{2} + \frac{1}{2}\sqrt{1 + \frac{4}{\lambda_r^2}a(1-a)} \tag{6.27}$$

將上式代入 $a'(1-a)$，微分值設為 0 條件，求得下列關係式。

$$\lambda_r^2 = \frac{(1-a)(4a-1)^2}{1-3a} \tag{6.28}$$

使用(6.20)式，a' 與 a 之間有下列關係。

$$a' = \frac{1-3a}{4a-1} \tag{6.29}$$

(6.28)與(6.29)式的 a' 與 λ_r 如表 6.1 所示。

使用(6.26)式數值積分後得到以 λ 為函數的功率係數 C_P 最大值。結果如表 6.2 所示，表示圖 5.29 所示的曲線上限。

表 **6.1**　最佳效率的理想風車（對應的 λ_r、a 與 a' 值）

a	a'	λ_r
0.25	—	0
0.26	5.5	0.073
0.27	2.375	0.157
0.28	1.333	0.255
0.29	0.812	0.374
0.30	0.500	0.529
0.30	0.292	0.754
0.31	0.143	1.154
0.32	0.031	2.619
0.33	0.003	8.574
0.333	0.0003	27.206
$\dfrac{1}{3}$	0	∞

表 **6.2**　理想風車不同周速比所可能取出的最大功率係數

λ	$C_{P\max}$
0	0
0.5	0.288
1.0	0.416
1.5	0.481
2.0	0.513
2.5	0.533
5.0	0.570
7.5	0.582
10.0	0.585
∞	16/27

6.2　葉片元素理論[(1)]

如同 6.1 節所導出的結果，動量理論不會提供風車轉子的葉片該如何設計的必要資訊。而與動量理論有關聯的葉片元素理論則可提供我們此類資訊。葉片元素理論與動量理論不同，各葉片元素上的受力係依據流體速度計算得出。

葉片元素理論的基本假設有以下兩點：

1) 各葉片與相鄰葉片元素之間無任何干涉
2) 葉片元素上的受力係依據剖面形狀的升力及阻力係數

扭矩及推力的推導，可先計算作用在各微小葉片元素上的作用力，並延著葉片長軸方向積分，再與葉片數相乘來求得之。各項速度與作用力如圖 6.3 所示。假設各葉片元素在同一平面上運動，即傾斜角(Rake)為零。

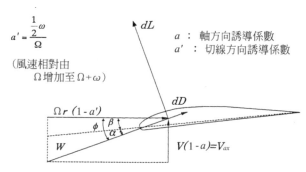

圖 6.3　作用於水平軸風車轉子葉片元素的風速與力

葉片元素剖面的升力及阻力依下列算式計算。

$$dL = C_L \frac{1}{2} \rho W^2 C dr \tag{6.30}$$

$$dD = C_D \frac{1}{2} \rho W^2 C dr$$

作用於葉片元素的推力與扭矩

$$dT = dL \cos\phi + dD \sin\phi \tag{6.31}$$

$$dQ = (dL \sin\phi - dD \cos\phi)r \tag{6.32}$$

假設轉子有 B 片葉片，代入(6.30)式，推力與扭矩如下所示。

$$dT = B\frac{1}{2}\rho W^2 (C_L \cos\phi + C_D \sin\phi)Cdr \tag{6.33}$$

$$dQ = B\frac{1}{2}\rho W^2 (C_L \sin\phi - C_D \cos\phi)Crdr \tag{6.34}$$

6.3   動量理論和葉片元素理論的結合 [1]

為方便閱讀，將上述兩理論所導出的計算式再次說明如下：
動量理論：

$$dT = 4a'(1+a')\frac{1}{2}\rho\Omega^2 r^2 2\pi r dr \tag{6.18}$$

$$dT = 4a(1-a)\frac{1}{2}\rho V^2 2\pi r dr \tag{6.19}$$

$$dQ = 4a'(1-a)\frac{1}{2}\rho V\Omega r^2 2\pi r dr \tag{6.22}$$

葉片元素理論：

$$dT = (C_L \cos\phi + C_D \sin\phi)\frac{1}{2}\rho W^2 BCdr \tag{6.33}$$

$$dQ = (C_L \sin\phi - C_D \cos\phi)\frac{1}{2}\rho W^2 BCrdr \tag{6.34}$$

為了使葉片元素理論的結果與動量理論的結果相關，必須有相對風速 W 的算式。在此使用圖 6.3 或 6.4 計算。

根據圖 6.4 可得到下述結論。

$$W = \frac{(1-a)V}{\sin\phi} = \frac{(1+a')\Omega r}{\cos\phi} \tag{6.35}$$

或，

$$\tan\phi = \frac{(1-a)V}{(1+a')\Omega r} = \frac{1-a}{1+a'} \times \frac{1}{\lambda_r} \tag{6.36}$$

如果引用局部弦周比 σ

$$\sigma = \frac{BC}{2\pi r} \tag{6.37}$$

葉片元素理論的結果可變形如下。

$$dT = \left(1-a\right)^2 \frac{\sigma C_L \cos\phi}{\sin^2\phi}\left(1 + \frac{C_D}{C_L}\tan\phi\right)\frac{1}{2}\rho V^2 2\pi r dr \qquad (6.38)$$

$$dQ = \left(1+a'\right)^2 \frac{\sigma C_L \sin\phi}{\cos^2\phi}\left(1 - \frac{C_D}{C_L}\frac{1}{\tan\phi}\right)\frac{1}{2}\rho\Omega^2 r^2 r 2\pi r dr \qquad (6.39)$$

比較(6.38)式與(6.19)，得下列算式。

$$\frac{4a}{1-a} = \sigma C_L \frac{\cos\phi}{\sin^2\phi}\left(1 + \frac{C_D}{C_L}\tan\phi\right) \qquad (6.40)$$

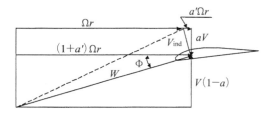

圖 6.4　水平軸風車轉子葉片元素的速度分量圖

另一方面，比較(6.39)式、(6.22)式及(6.36)式，可得下列算式。

$$\frac{4a'}{1+a'} = \frac{\sigma C_L}{\cos\phi}\left(1 - \frac{C_D}{C_L}\frac{1}{\tan\phi}\right) \qquad (6.41)$$

威爾森、理查曼、沃克、及戴普萊斯(Daiplies)等多位研究者曾討論是否應該去除(6.40)式和(6.41)式中的阻力項。原因是在小弦長葉片的近似值範圍內，形狀阻力是不包含葉片本身的誘導速度。

但是，海爾(Hale)及格立菲(Griffiths)認為應考慮阻力項。在此忽略阻力項，來計算誘導係數 a 及 a'。

$$\frac{4a}{1-a} = \sigma C_L \frac{\cos\phi}{\sin^2\phi} \qquad (6.42)$$

$$\frac{4a'}{1+a'} = \frac{\sigma C_L}{\cos\phi} \qquad (6.43)$$

(6.42)式與(6.43)兩式為忽視阻力存在的關係，(6.40)式與(6.41)式為考慮阻力存在的關係，計算 dT 與 dQ 的(6.38)式與(6.39)式決定風車轉子的運動。

要進行實際計算，需要調查實際上 $C_L - \alpha$ 與 $C_D - \alpha$ 的特性，(5.39) 式的 $\phi = \alpha + \beta$，葉尖損失的修正，以及有限葉片數等。

以下推導 C_P 的算式，並評論形狀阻力對 C_P 的影響。

C_P 的算式為

$$C_P = \frac{1}{\frac{1}{2}\rho V^3 \pi R^2} \int_0^R \Omega dQ \tag{6.44}$$

將(6.43)及(6.36)式代入計算扭矩 dQ 的(6.39)式，可求得下列算式。

$$dQ = 4a'(1-a)\left(1 - \frac{C_D}{C_L}\frac{1}{\tan\phi}\right)\frac{1}{\lambda_r}\frac{1}{2}\rho\Omega^2 r^2 r 2\pi dr \tag{6.45}$$

將(6.45)式代入(6.44)式，

$$r = \lambda_r \frac{R}{\lambda} \quad , \text{ 及 } \quad dr = \frac{R}{\lambda}d\lambda_r$$

考慮兩者關係，可由下列算式求出 C_P。

$$C_P = \frac{8}{\lambda^2}\int_0^\lambda a'(1-a)\lambda_r^3\left(1 - \frac{C_D}{C_L}\frac{1}{\tan\phi}\right)d\lambda_r \tag{6.46}$$

當 $C_D = 0$ 時，風車轉子的功率係數如(6.26)式結果，上式可改寫為

$$C_P = C_P(C_D = 0) - \frac{8}{\lambda^2}\int_0^\lambda a'(1-a)\lambda_r^3 \frac{C_D}{C_L}\frac{1}{\tan\phi}d\lambda_r \tag{6.47}$$

若將(6.36)式及(6.20)式代入，則此式變為

$$C_P = C_P(C_D = 0) - \frac{8}{\lambda^2}\int_0^\lambda a(1-a)\lambda_r^2 \frac{C_D}{C_L}d\lambda_r \tag{6.48}$$

根據表 6.1，可知 $\lambda > 1$ 時，$a \cong 1/3$。另外，假設沿著葉片 C_D / C_L 的比值固定（僅在最佳條件時可得），(6.48)式可改寫為下列算式。

$$C_P = C_P(C_D = 0) - \frac{8}{\lambda^2}\frac{C_D}{C_L}\int_0^\lambda \frac{2}{9}\lambda_r^2 d\lambda_r$$

或

$$C_P = C_P(C_D = 0) - \frac{16}{27}\frac{C_D}{C_L}\lambda \tag{6.49}$$

此算式只有在葉片數無限大時有效，說明圖 5.29 的曲線形狀。葉片數有限的影響將於 6.4 節介紹。

6.4　葉尖損失[1]

根據之前轉子葉片的假設是弦長無限小及葉片數無限多。考慮有限葉片數的實際狀況，如 5.3 節所介紹過的，升力是根據二維流場，葉片周圍的壓力分布產生，葉片的上側壓力較周圍壓力低，下側壓力比周圍壓力高。然而這種壓力差將造成葉尖周圍的二次流場，流場變為三維流場，使壓力差降低而減少升力的產生，造成風機功率的下降。對 C_P 的影響稱為「葉尖損失」。

為了計算葉尖損失有許多理論存在，精確度也不同。在此只介紹卜然托(Burantuo)所求得的結果範例。

卜然托理論的基本想法為轉子平面上的速度是因葉尖附近的紊流而改變。需借助動量理論計算。

為了此目的卜然托將下述的函數 F 展開。

$$F = \frac{2}{\pi}\cos^{-1}\left\{\exp\left(-\frac{1}{2}B\frac{R-r}{r\sin\phi}\right)\right\}\tag{6.50}$$

關於轉子的計算，要如何代入葉尖損失係數 F 有各種分歧的意見存在。在此使用威爾森和理查曼提出的適用方法。他們假設誘導係數 a 和 a' 必須與 F 相乘，這代表從葉片看轉子平面的軸方向速度與切線速度有修正。

假設這些修正只有包含動量的算式。

對動量算式的影響如下：

根據(6.19)式

$$dT = 4aF(1-aF)\frac{1}{2}\rho V^2 2\pi r dr\tag{6.51}$$

根據(6.22)式

$$dQ = 4a'F(1-aF)\frac{1}{2}\rho V\Omega r r 2\pi r dr\tag{6.52}$$

葉片元素理論的結果不變：

$$dT = (1-a)^2 \frac{\sigma C_L \cos\phi}{\sin^2\phi}\left(1+\frac{C_D}{C_L}\tan\phi\right)\frac{1}{2}\rho V^2 2\pi r dr\tag{6.38}$$

$$dQ = (1-a)^2 \frac{\sigma C_L}{\sin\phi}\left(1 - \frac{C_D}{C_L}\frac{1}{\tan\phi}\right)\frac{1}{2}\rho V^2 r 2\pi r dr \tag{6.39}'$$

(6.39)′式為將(6.36)式代入(6.39)式後求得。

二個理論中，推力與扭距相等的兩個算式如下所示。

$$4aF(1-aF) = (1-a)^2 \frac{\sigma C_L \cos\phi}{\sin^2\phi}\left(1 + \frac{C_D}{C_L}\tan\phi\right) \tag{6.53}$$

$$4a'F(1-aF) = (1-a)^2 \frac{\sigma C_L}{\sin\phi}\left(1 - \frac{C_D}{C_L}\frac{1}{\tan\phi}\right)\frac{1}{\lambda} \tag{6.54}$$

最後兩個算式與下述兩個算式一起使用。

$$\tan\phi = \frac{1-a}{1+a'}\frac{1}{\lambda_r} \tag{6.36}$$

$$\beta = \phi - \alpha \tag{5.39}$$

經測試結果，葉片剖面的作用力與測試記錄有一致的關係，也就是說，$C_L(\alpha)$ 與 $C_D(\alpha)$ 與 (6.50)式 F 的組合，可描述轉子的運動。

第 7 章　風車轉子的設計

　　本章中，以前述章節介紹的風車空氣力學的葉片元素理論與運動量理論為基礎，具體說明風車轉子的設計過程，同時也講述風車葉片的簡單設計法。

7.1　最大功率設計 [1]

　　如 6.1 節所介紹的，最大功率的設計，在 a 和 a' 間存有以下關係。

$$a' = \frac{1-3a}{4a-1} \tag{6.29}$$

　　將此關係代入(6.43)式中，消去參數 a 後利用(6.42)式可以推導出以下的簡單算式。

$$\sigma C_L = 4\,(1-\cos\phi) \tag{7.1}$$

　　應用 $\sigma = BC/2\pi r$ 的關係，5.4 節所使用在葉片設計上的算式可以求得，如下式所示

$$C = \frac{8\pi r}{BC_L}(1-\cos\phi) \tag{5.38}$$

亦可使用最適值 C_{Ld} 取代 C_L。

　　至於 λ_r 和 ϕ 之間的關係，只要將(7.1)式代入(6.42)式、(6.43)式及(6.36)式。

$$\lambda_r = \frac{1-a}{1+a'}\frac{1}{\tan\phi} \tag{6.36}$$

　　就可以得到以下的式子

$$\lambda_r = \frac{\sin\phi(2\cos\phi - 1)}{(1 - \cos\phi)(2\cos\phi + 1)} \tag{7.2}$$

將此式簡化。

$$\lambda_r = \frac{1}{\tan\dfrac{3}{2}\phi} \tag{7.3}$$

就會變成跟(5.40)式相同。

$$\phi = \frac{2}{3}\tan^{-1}\frac{1}{\lambda_r} \tag{5.40}$$

這些結果出現在 5.4 節的(5.38)~(5.41)式。

如果使用這一節的簡單設計公式,試著計算其他參數的影響是一件很有趣的事。

假設 $C_L - \alpha$ 曲線為一直線。

$$C_L = C_{L0} + \frac{dC_L}{d\alpha}\alpha \tag{7.4}$$

這裡的 C_{L0} 為 $\alpha = 0$ 時的 C_L 值。

當 α 的數值很小時,也就是小於失速角的角度時,這個假設對於多數的翼型都是很適切的近似。設:

$$C_L{}' = \frac{dC_L}{d\alpha} \tag{7.5}$$

則角度 α 就會變成

$$\alpha = \frac{C_L - C_{L0}}{C_L{}'} \tag{7.6}$$

從(5.38)式中得到剖面的升力係數,於是(5.39)式可以表示如下。

$$\beta = \phi - \frac{\dfrac{8\pi r}{BC}(1 - \cos\phi) - C_{L0}}{C_L{}'} \tag{7.7}$$

使用 $r = R\lambda_r / \lambda$ 及(7.3)式,這個式子會變成

$$\beta = \phi - \frac{8\pi R}{BC\lambda C_L{}'}\frac{1 - \cos\phi}{\tan\dfrac{3}{2}\phi} + \frac{C_{L0}}{C_L{}'} \tag{7.8}$$

當 ϕ 的角度很小時,其三角函數值可用泰勒級數展開,成為下列近似式(ϕ 表示角度)。

$$\frac{1-\cos\phi}{\tan\frac{3}{2}\phi} = \frac{1-\left(1-\frac{1}{2}\phi^2+\frac{1}{24}\phi^4-\cdots\right)}{\frac{3}{2}\phi+\frac{27}{24}\phi^3+\cdots} = \frac{1}{3}\phi \tag{7.9}$$

如果滿足下列條件，就能確定針對小入流角 ϕ 的設定角 β 了，如此一來葉片的製作就變得簡單。

$$\frac{8\pi R}{BC\lambda C_L{}'} = 3 \tag{7.10}$$

然後，在這樣的情況下設定角等於下式。

$$\beta = \frac{C_{L0}}{C_L{}'} \qquad （角度） \tag{7.11}$$

[例 7.1]

NACA4412 翼型的

$$C_L{}' = \frac{1.0}{10°} = 0.1\,[1/°] \quad 或 \quad C_L{}' = \frac{1.0}{0.175} = 5.73\,[1/\text{rad}]$$

且 $C_{L0} = 0.4$

使用(7.11)式，設定角 β 為

$$\beta = 4°$$

且，

$$\frac{R}{BC\lambda} = 0.68$$

當要設計直徑 4m、周速比 6 的三葉葉片轉子時，從近似式可以算出弦長如下。

$$C = \frac{2}{3\times6}\times\frac{1}{0.68} = 0.16m$$

如果使用 5.4 節的方法，改變弦長和設定角來設計葉片的話，結果如表 7.1 所示（假設 $C_{LD}=1$）

表 7.1   固定升力係數及弦長狀況下的葉片形狀

| 位置 | 升力係數固定 $C_{LD}=1$ | | 弦長固定 $C=0.16m$ |
	β	c	β
$0.2\,R$	20.5°	0.353 m	16.5°
$0.4\,R$	9.1°	0.231 m	5.1°
$0.6\,R$	4.3°	0.164 m	4.1°
$0.8\,R$	1.8°	0.125 m	4.0°
R	0.3°	0.101 m	4.0°

7.2   轉子特性計算 [1][2]

根據前一節的公式設計轉子的話，恐怕在實際製作上，形狀將會多少有些奇怪，接下來要試著計算轉子的特性。

在這裡並不是要詳細描述該如何製作電腦程式，只大概說明做法大綱。這並不是特殊的方法，完全是很一般的東西，是威爾森(Wilson)及理察曼(Lissaman)所介紹的。

假設關於轉子部分已經得到下列數據。

1)   半徑 R
2)   設定角 $\beta(r)$
3)   弦長 $C(r) \rightarrow \sigma(r)$
4)   周速比 λ
5)   葉片數 B
6)   翼型特性 $C_L(\alpha)$ 及 $C_D(\alpha)$

表 7.2   設計的風車規格

轉子直徑	D	4 m
周速比	λ	3
葉片數	B	6
葉片剖面形狀		NACA4418

首先要先找出在葉片任意半徑 r 位置的誘導係數 a 和 a' 對應值。由於沒有解析誘導係數的式子，必須重覆以下的步驟使之收束。

1) 選擇對應 r 的 λ_r 值，$r \to \lambda_r = \dfrac{r}{R}\lambda$

2) 假設 a 及 a' 適當的初期值（例如，$a=1/3$ 且 $a'=0$）

3) 用 $\phi = \tan^{-1}\left(\dfrac{1-a}{1+a'} \times \dfrac{1}{\lambda_r}\right)$ 計算 ϕ

4) 用 $\alpha = \phi - \beta$ 計算 α

5) 用 $C_L(\alpha)$ 的圖表計算出 C_L

6) 用 $\dfrac{4a}{1-a} = \sigma C_L \dfrac{\cos\phi}{\sin^2\phi}$ 計算出 a，並用 $\dfrac{4a'}{1+a'} = \dfrac{\sigma C_L}{\cos\phi}$ 計算出 a'

7) 比較這樣得出的 a、a' 和 2)所假設的 a、a'，在得到滿意的準確度之前重複計算

8) 計算 C_D、 dQ/dr 及 dT/dr 的值，或是直接計算 dC_Q/dr 及 dC_T/dr

沿著葉片各個位置 r，進行數值積分可以求出 C_T、C_Q，連帶著也可以求出 C_P 整體的值。將翼端損失也包含在內的時候，雖然式子會伴隨產生變化，讀者們應該知道只要設額外的迴圈就好了。

還有，根據威爾森和理察曼的說法，引起葉片失速的 α 值存在多個解。

7.3　風車轉子葉片簡易設計法

舉例來說，用以下的方法設計風力發電用的風車轉子。NACA4418 的翼型規格如圖 7.1 所示，在此，設定攻角為升阻比 C_L/C_D 的最大值。

從圖 7.1 中得知 $C_L/C_D = \tan\theta$，換言之，C_L/C_D 的最大值可說是 θ 最大的點。

從圖 7.1 中查翼型規格，當 $C_L = 0.8$、 $C_D = 0.0075$ 時， $\alpha = 4°$。

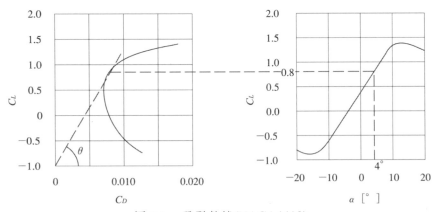

圖 **7.1**　翼型數據(NACA4418)

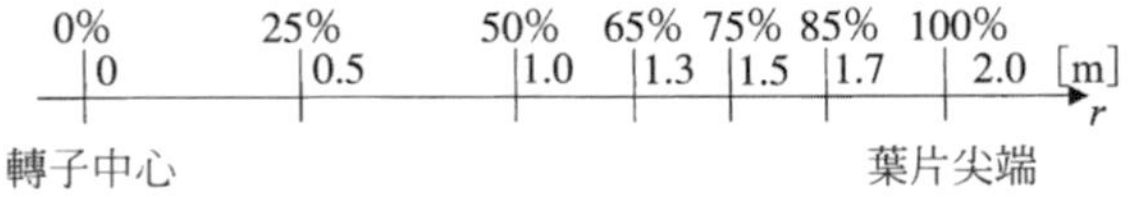

圖 **7.2**　轉子上的各點

首先，求出圖 7.2 轉子上各點的局部周速比 λ_r，定義用下式表示。

$$\lambda_r = \lambda \times \frac{r}{R} = \lambda \times \frac{r}{D/2}$$

接著由(5.40)式求局部入流角 ϕ_r

$$\phi_r = \frac{2}{3}\tan^{-1}\frac{1}{\lambda_r} \tag{5.40}$$

再用 ϕ_r 求局部安裝角 β_r，β_r 值示於圖 7.3。

$$\beta_r = \phi_r - \alpha$$

最後，用(5.38)式求出弦長 C_r。

$$C_r = \frac{8\pi r}{BC_L}\left(1 - \cos\phi_r\right) \tag{5.38}$$

總括以上的結果用表 7.3 表示。

如此一來，風車轉子葉片的設計就結束了，但由於安裝角、弦長的值都愈往轉子中心急遽的增大，這樣翼型較難施作。

因此，以最有助於風車性能的葉片半徑的 75%左右為中心，進行線性化工作。

線性化的結果如圖 7.3、7.4 所示，數據結果整理於表 7.4。

表 **7.3**　計算結果

	25%	50%	65%	75%	85%	100%
r [m]	0.5	1.0	1.3	1.5	1.7	2.0
λ_r [-]	1.5	3.0	3.9	4.5	5.1	6.0
ϕ_r [°]	22.5	12.3	9.6	8.4	7.4	6.3
β_r [°]	18.5	8.3	5.6	4.4	3.4	2.3
C_r [m]	0.398	0.240	0.191	0.168	0.148	0.126

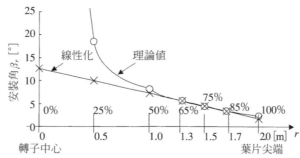

圖 **7.3**　安裝角的數值線性化

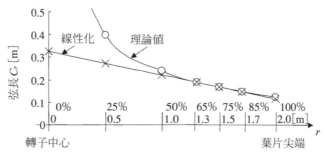

圖 **7.4**　弦長的數值線性化

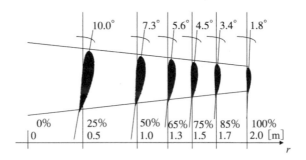

圖 7.5 線性化後的結果

表 7.4 線性化後的結果

	25%	50%	65%	75%	85%	100%
r [m]	0.5	1.0	1.3	1.5	1.7	2.0
λ_r [-]	1.5	3.0	3.9	4.5	5.1	6.0
β_r [°]	10.0	7.3	5.6	4.5	3.4	1.8
C_r [m]	0.274	0.222	0.190	0.169	0.148	0.117

第 8 章　風力發電機的構造及設計

　　關於風力發電機的設計，有極多的考慮因素。其中，會影響到整體系統的設計因素有轉子的位置、葉片數、葉片材料、動力控制法、傳動機構的配置、塔的形式、橫搖控制裝置及發電機的種類等。

8.1　轉子的位置

　　水平軸式風車如圖 8.1 所示，轉子有兩個位置可以考慮。

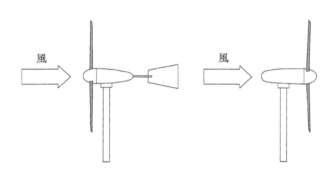

圖 8.1　水平軸式風車的轉子配置

(1)　迎風型

　　這是將轉子設置在塔的迎風面，由於流場受塔的影響較少，葉片的負荷也較小，產生動力順暢的情況下，葉片的噪音也會減少。

(2)　背風型

　　這是將轉子設置在塔的背風面，有可以自動橫搖(yaw)控制的優點。同時，旋轉時葉片會自動移到安全的位置。但是，由於葉片必定會通過塔的後方，所以產生噪音及累積疲勞負載都是不可避免的。

　　目前，兩種形式的轉子都有應用，在歐洲是以逆風型為主流。瑞典的背風型風車 WTS-3（直徑 78m、輸出功率 3MW）雖然運作了很長的一段時間，但噪音的產生仍舊是個問題。

8.2　葉片數

　　理論上葉片數多少都是可行的，雖然也有像圖 8.2 中德國 MBB 公司的單葉風車，但商業風車一般而言大多都是二葉或三葉葉片。

圖 8.2　德國 MBB 公司的單葉風車

(1)　3 葉葉片

3 葉葉片在產生動力上相當順暢，且旋轉的力量也能達到平衡。不需要縱搖裝置，可以只使用單純的剛螺轂。

(2)　2 葉葉片

與 3 葉葉片、相同尺寸的風車相比，雖然產生的動力大致相同，轉子的成本卻低許多。另外，2 葉葉片的轉子只要在地面組裝，利用起重機吊到轉子的高度即可，裝置很簡單。

在歐洲，除了大型風車之外以 3 葉葉片為主流，在美國則也有 2 葉葉片的風車。轉子直徑超過 60m 的超大型風車，由於葉片的成本很高，因此多採用 2 葉葉片型式。隨著海上風力發電開發的進展，可以想見 2 葉葉片的超大型風車將會增加。

8.3　風力發電裝置的控制[1]

在這一節將說明發電用風車的控制概念。

將風車的扭矩 Q 和旋轉速率 Ω 的關係，以風速 V 為參數表示成圖 8.3。功率係數的最大值 $C_{P\max}$ 為二次曲線，風車系統的額定功率 $P_{\max} = Q\Omega$ 為雙曲線。在定轉速可變螺距控制系統，經由同步連動供給電力的方式，轉速限制為 Ω_1，隨著風速的增加會經由 abc 路線，在風速 V_1 的時候會在 c 點產生額定動力。當風速 V 超過 V_1 的範圍時，藉由葉片的螺距控制保持在 c 點。在定轉速固定螺距控制系統，則藉由葉片的失速控制來控制過度旋轉，同步的連動將轉速維持在 $\Omega_2 < \Omega_1$，運轉路線是 def。在高風速區風車會失速，理論上會保持在 f 點。至於在可變轉速可變螺距控制系統，此時需要電力系統和非同步連動，在起動風速以轉速 Ω_3 跟系統連接，到 h 點的時候開始運轉，隨著風速的增加，把 Ω_1 當作最高容許轉速的話，運轉路線就是 hebc，若轉速率提升到 Ω_4 後，改走 hebi 路線。在 c 點及 i 點，轉速為 Ω_1 及 Ω_4，為了保持 $P_{\max}$ 進行葉片的螺距控制。

動力的控制主要使用下列三種方法。

(1)　可變螺距

可變螺距裝置藉由控制葉片全體的螺距(pitch)讓轉子的效率在最大

的狀態旋轉，但是螺轂(hub)的構造將會變得很複雜，需要具備充足動力的機構系統。保養及修理等時候，需將葉片全體從螺轂取下。圖 8.4 就是螺距控制裝置的例子。

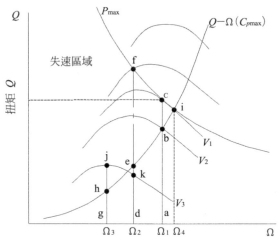

圖 8.3　發電用風車控制方式

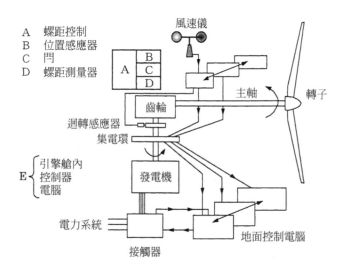

圖 8.4　螺距控制裝置

(2)　翼端控制

翼端控制(tip Control)裝置是僅控制葉片尖端螺距的方式，讓軸心和葉片安裝處變得簡單。還有在進行促動機(actuator)或翼端軸承的保養檢修的時候，不用全部取下就可完成。不過，在葉片內部需要促動機的空間，特別是在高轉速、細葉片時會出現問題。

(3)　失速控制

失速控制是最簡單且低成本的控制系統。只要用單純的螺轂和一體成型的葉片就可以做到，也不需要促動機械。無法獨立控制轉子轉速，通常是與感應發電機配合使用。為防止過度旋轉，多搭配各式氣體動力煞車裝置。

至今，這種方式主要用在丹麥製的風車上，輸出規模多為 500kW 以下，但也有 1000kW 等級的使用失速控制。一般而言大規模風車都採用螺距控制，採用翼端控制或全間距控制的選擇依據並沒明確的基準。圖 8.5 為可變螺距控制，圖 8.6 為失速(Stall)控制的概念示意圖，兩者都是在達到起動風速時開始發電，達到額定輸出功率前，以風速的三次方增加輸出功率，但達到額定輸出功率後，可變螺距的方式以增加螺距角來抑制轉速。而失速控制方式則在風速增大時，流入葉片的流體相對入流角就會增加，在葉片背面發生氣流的剝離狀態，成為失速狀態後失去升力，因而得以控制旋轉。

8.4　葉片材料[2]

用來製造葉片的主要材料有木材/環氧化物的積層木、玻璃纖維強化塑膠(GFRP)，以及金屬(鋼鐵或鋁)等三種。

這些材料的差異性比較其重量就可明瞭。舉例來說，一個直徑 25m 的轉子葉片，用木材/環氧化物的積層木來做是 400kg，GFRP 是 700kg，鋁則是 1700kg。由於葉片的重量對其疲勞強度有深刻的影響，在製造大型風車的時候這一點便很重要。

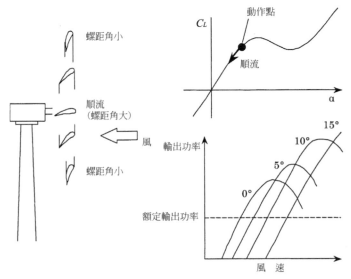

圖 8.5　可變螺距控制的概念

　　其他還有使用碳纖維、克維拉複合材料、鈦合金等。這些材料的特性雖然很有魅力,但由於成本太高所以沒有使用在量產上。

　　風車葉片構造的代表形狀如圖 8.7 所示,圖(a)為木材/環氧化物積層木製葉片的典型剖面,將含有環氧化物樹脂的 3~4mm 厚的膠合板真空成形後,製成葉片前緣的 D 形翼樑(縱通材),後緣用輕量的玻璃/環氧化物製外殼包住發泡材。圖(b)是典型的 GFRP 葉片的剖面,外皮重疊了玻璃纖維及聚酯樹脂,一般而言直徑 25m 以內的轉子不使用翼樑,但裝設翼肋提升強度。圖(c)是大型風車的 GFRP 葉片,利用纏繞技術製成的翼樑為負責擔任主要強度的材料,後緣可以使用別的 GFRP 製外殼,也可以用一體的纏繞構造。圖(d)為鋼鐵製的翼樑與 GFRP 製翼型整流片組合而成的。此外,也有整體都用鋁製成的葉片。

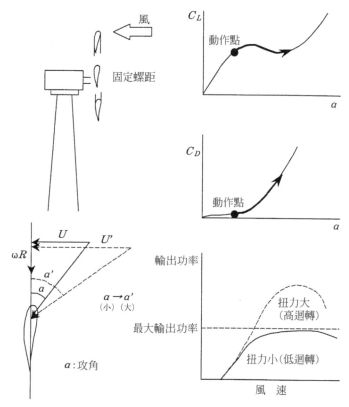

圖 8.6　失速控制的概念

　　至今，哪一個葉片材料可以發揮最大的效益，還沒有明確的答案，但在歐洲不管直徑的尺寸，大多數都採用 GFRP。不過，由於木材/環氧化物積層木製的葉片在輕量化這點上較為有利，可以想見，隨著今後技術的發展，成本也將變得足以與 GFRP 互相競爭。鋼鐵製葉片在加工方面相對而言比較簡單，疲勞特性也有既存的數據可以使用，雖然有這些優點，但葉片的重量仍舊是個難以克服的困難點。過去曾使用在大型風車的鋁現在幾乎沒有被使用，今後應該會逐漸被 GFRP 及木材/環氧化物積層木等所取代。此外，圖 8.8 為用擠壓模型法製成的鋁製葉片，用在達流斯(Darrieus)風車上。

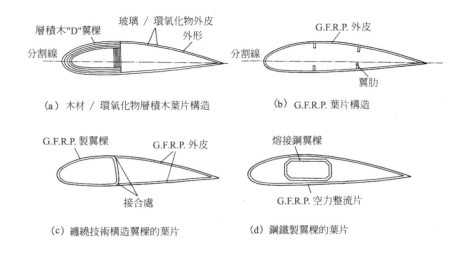

（a）木材／環氧化物層積木葉片構造　　　（b）G.F.R.P. 葉片構造

（c）纏繞技術構造翼樑的葉片　　　（d）鋼鐵製翼樑的葉片

圖 **8.7**　風車用葉片的構造

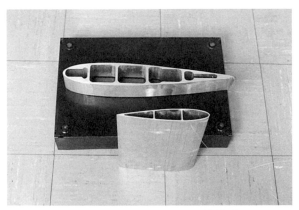

圖 **8.8**　達流斯風車用鋁製葉片

8.5　齒輪箱 [2]

　　一般而言，風力渦輪如表 8.1 所示，使用平行軸齒輪及行星齒輪兩種

齒輪箱。由於風車轉子跟發電機的旋轉速率有相當大的差異，風力渦輪的齒輪箱有高輸入扭矩及高增速比。舉例來說，3MW 的風力渦輪機的齒輪箱需要 60kW 風力渦螺機兩倍的增速比，以及 100 倍以上的扭矩。500kW 以下的風力渦輪機，不管是平行軸齒輪或是行星齒輪在成本來看沒有太大的差異，但在 500kW 以上的場合，行星齒輪齒輪箱的重量及大小的優異性就變得很明顯。從表 8.2 對 750kW 風車的齒輪箱所做的比較就可得知。

表 **8.1** 齒輪箱的比較

平行軸	行星
結構單純	結構複雜
保養簡單	專業保養
重量大	重量小
多軸系	單軸系

表 **8.2** 750kW 級風車的齒輪箱比較

	平行軸	行星
重量	750 kg	5000 kg
軸間距離	1.4 m	in line
冷卻	軸驅動風扇	外加的油性冷卻
油量	825 ℓ	190 ℓ
相對成本	1	0.6

8.6 橫搖裝置

設計風力渦輪機時，有動力橫搖(yaw)及自由橫搖兩種選擇。

(1) 自由橫搖

自由橫搖系統通常以下列三種方式運作。

1) 扇狀尾

這個系統如圖 8.9 所示，藉由風標安定用扇正確地運作，但僅限定用在小型風車上。

2)   尾板

即所謂的風標安定板,如圖 8.10 所示,這個系統是最廣為所用的。

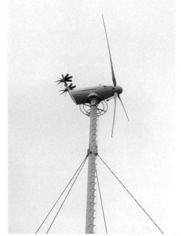

圖 **8.9**   扇狀尾的自由橫搖系統

圖 **8.10**   尾板的自由橫搖系統

3)   背風型轉子

這個方式從小型到大型風車廣泛地被使用著,但如同前述,噪音、疲勞等問題是不可避免的。圖 8.11 即為背風型轉子的一例,為美國 DOE 的 MOD-OA,從轉子葉片的傾斜角的狀況就可得知。

圖 8.11　背風型風機

(2)　橫搖驅動

　　大部分的橫搖驅動系統是裝設在塔最頂端的齒輪上的轉子反應器，藉由風向器檢測出相對於轉子的方向進行方向控制。這個系統從數 kW 到數 MW 等級皆廣為採用。

8.7　發電機

　　風力發電系統有同步發電機及感應發電機兩種。同步發電機的效率比感應發電機低約 2%，但只要有風力發電裝置即可單獨運轉，產生變動少品質高的電力。因此，小容量的風力系統應用比例高，需要品質高的電力輸出時使用。感應發電機則較為輕量，可以減低風車系統成本，還有能夠吸收動力傳動機構變動的特性，在風力發電廠等的使用較多。發電機及電力系統的連接方式有 AC 連結及 DC 連結兩種。同步發電機用 AC 連結方式連接的時候，由於發電輸出的變動會直接影響系統電力的電

壓及頻率,所以對於發電機的轉速及電壓的控制必須十分留意。另一方面,用 DC 連結方式的話雖然對於系統電力的影響較少,但風車的回轉變動則會變大,DC 連結方式的成本也較高。代表性的風力發電系統的形式如表 8.3 所示,發電機及系統連結相關知識在第九章及第十章有詳細的敘述。

表 **8.3**   代表性的風力發電系統的形式

分類	特徵
固定葉片(失速控制) ＋ 增速齒輪 ＋ 感應發電機 （AC 連結方式）	・構造簡單且耐用,便宜 ・構造簡單信賴性高 ・隨著風速變動的輸出功率變動大 ・與系統互連時的湧入電流大 ・有增速齒輪的噪音 ・有葉片的風切音
可動葉片(螺距控制) ＋ 增速齒輪 ＋ 感應發電機 （AC 連結方式）	・有定速型和可變速型 ・隨著風速變動的輸出功率變動稍小 ・與系統互連時的湧入電流大 ・有增速齒輪的噪音 ・風切音稍小 ・價格、信賴性中等
可動葉片(螺距控制) ＋ 同步發電機 ＋ 換流器 （DC 連結方式）	・隨著風速變動的輸出功率變動小 ・由於可變速運轉發電量多 ・與系統互連時沒有湧入電流 ・沒有增速齒輪所以安靜信賴性高 ・風切音小 ・由於電力零件數量多所以高價位

8.8   塔

8.8.1   風車塔的要件

風力發電用塔如圖 8.12 所示,主要有格狀構造及圓筒狀構造兩種。

格狀塔成本低、搬運容易，再加上亞鉛電鍍也較不容易腐蝕等優點。但另一方面，較不美觀、登上引擎艙的人身體露在外面危險等缺點。圓筒狀塔雖然比格狀塔成本高，但較為美觀，在塔內即可安全到達引擎艙。大部分的圓筒狀塔用鋼鐵打造，有剖面一致的、中途改變直徑的，也有錐狀的。此外，大型的塔也有用成本較低的水泥建造。中小規模風車塔的各種形狀比較如表 8.4 所示，此表是為了促進北九州中小企業新領域開發的「整合化製品開發系統支援事業」，為平成 6 年所實施「小型風車發電機塔的開發」的成果的一部分。

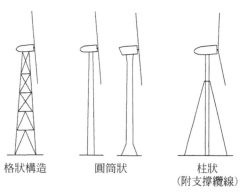

格狀構造　　　圓筒狀　　　　柱狀
　　　　　　　　　　　　　（附支撐纜線）

圖 8.12　風力發電塔

8.8.2　風車塔承受的負荷[(3)]

2000 到 2001 年，日本沿岸開發研究中心進行「海上風力基礎工法的技術（設計・施工）手冊」的製作，筆者有幸也參加了這個計畫。本節中，參考該手冊關於風車塔設計的部分。風車塔所承受風力的概念如圖 8.13 所示。

(1)　負荷條件

風車承受風力負荷雖然有多種狀況，但在風車基礎設計時，以會對基礎產生最為不利的應力，如地震及額定運轉時的負荷為考量原則。

(2)　風車塔風力負荷的計算

1)　暴風時(預想最大風速時)

暴風時作用於塔的風力負荷，用「建築基準法施行令第 3 章第

表 8.4　代表性的風力發電系統的形式

		I	II	III	IV	V	VI	VII
		單一支柱方式	鋼骨桁架方式	鋼管方式	3(4)支鋼管直立方式	鋼板或 H 型鋼方式	圓筒方式	混合方式
1	構造	單一直立鋼管，以鐵索固定	型鋼組合，跟以前的鐵塔相同	將鋼管組合成直立圓錐狀的構造	直立 3(4) 支鋼管組合而成	H 型鋼構成底部	將鋼板凹成圓錐形，以煙囪圖的方式組合	各方式的組合。
2	特徵	①構造簡單 ②小型風車最普遍使用	①構造複雜 ②占用面積小	①構造精簡 ②占用面積小	①構造簡單 ②空氣力學的特性良好 ③可裝梯 ④極為安定 ⑤日常維修可	①可與底面物合 ②上方可以以其他方式結合	①構造簡單 ②空氣力學的特性良好 ③占用面積小	各方式特徵的混合。
3	問題點	①鐵索需要面積大 ②維修困難	空氣力學稍差	空氣力學的特性稍佳		鋼材重量稍重	小型的圓錐製作成本高	
4	製作技術難易度	①製作容易 ②中小企業的工廠製作容易	零件多，製作費用高。	需要鋼管的高度焊接	①製作容易 ②構造計算極為簡單	製作容易	小型的圓錐加工技術上困難	
5	其他	美觀不佳(?)	稍有些過時		可以同時設置三具風車		美觀	
6	成本	最低	相較而言高		相較而言低(綜合成本最低)		相對而言高	
7	綜合評估	最一般						

87 條」(以下簡稱建築基準法)的公式來計算。波力及風力負荷都當作外力，不重複設定承載量。

2)　暴風以外時

暴風以外時的風力負荷，在建築基準法並沒有規定。因此作用於塔上的風力負荷，使用其他適當的基準進行計算。

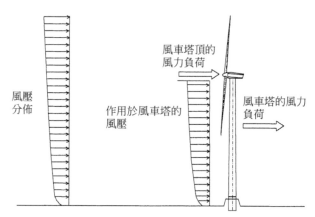

圖 8.13　作用於風車塔的風力概念圖

(3)　風車頂部風力負荷的計算

作用於風車頂部（引擎艙、葉片）的風力負荷以使用風車製造商所提供的值為原則，但在同樣條件下有時也會使用其他適切的基準計算，最佳方式是採用風力負荷較大的一方做為風車頂部的負載。

[解說]

(1)　負荷條件

設計時考量作用於風車上的風力負荷狀態，一般有下列幾種。

一般來說，大多會將暴風時的風力負荷當作會對風塔基礎產生最不利的應力。

1)　額定運轉時

・　風車輸出額定發電量的風速時。

・　達到額定風速以上時，利用螺距或失速控制進行輸出控制。

- 通常額定風速在 11~17m/s。

2) 關機時

- 為了防止危險停止轉子的旋轉，中止發電。

- 通常風速在 24~25m/s。

3) 共振風速時

- 變動風力負荷時，出現共振的時候。

4) 暴風時

- 設計時所考慮的最大風速作用在風車上時。

- 暴風時風車會停止轉子的旋轉，中止發電。

一般而言在防坡堤或是基礎建設設計時，較少將風力與地震負荷一起考量。但在風力發電機的安全考量下，以將額定運轉時的風力負荷當作外力為原則。

(2) 風車塔風力負荷的計算

以下說明暴風時及暴風以外的風力負荷計算方法。圖 8.14 是作用於塔上的風力負荷圖。

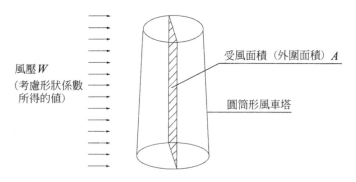

圖 8.14 作用於塔上的風力負荷圖

風力負荷是由風壓及受風面積相乘計算而得。

$$P = W \cdot A$$

P ：風力負荷 [N]

W：風壓 [N/m^2]

A：受風面積 [m^2]

1)　暴風時

　　根據「建築基準法施行令第 3 章第 87 條」風壓(平成 12 年 6 月 1 日施行) 的方法如下。這是計算設置地點過去颱風紀錄暴風作用的場合的風壓方法。計算的概要如下所示。

$$W = q \cdot c_f \quad [\text{N/m}^2]$$

　　W：風壓

　　q：速度壓 $[\text{N/m}^2]$

　　c_f：風力係數 (根據建設省告示第一千四百五十三號的表)

$$q = 0.6 E V_0^{\,2} \quad [\text{N/m}^2]$$

　　E：依據建設大臣所訂的方法計算出的數值

　　V_0：建設大臣所訂 $30 \sim 46$ m/s 為止範圍的風速 [m/s]

2)　額定風速、關機風速等暴風時以外的風速時

　　「建築基準法施行令第 87 條(昭和 25 年制令第 338 號)」(以下表示為舊基準法)的風速換算例子如下。

$$q = 120 \cdot \sqrt[4]{h} \cdot \left(V/60 \right)^2 = V^2 / 30 \cdot \sqrt[4]{h}$$

　　q：速度壓 $[\text{kgf/m}^2]$

　　V：風速 [m/s]

　　h：受風處離地高度 [m]

　　上式係以舊基準法當中的速度壓是 $q = 120 \cdot \sqrt[4]{h}$ 為基準，乘上任意風速 V 及基準風速 60m/s 的比的二次方來計算。

　　速度壓為風速的二次方的比例，公式中的基準風速為 60m/s。這個公式與下述起重機構造規格(勞動省告示第 53 號昭和 51 年 9 月)，及轉臂式起重機構造規格(勞動省告示第 29 號昭和 43 年 6 月)的公式一樣。

$$q = V^2 / 30 \cdot \sqrt[4]{h}$$

速度壓乘上風力係數可求得風壓。

$$W = q \cdot c \quad [\text{kgf/m}^2]$$

　　W：風壓

　　q：速度壓 $[\text{kgf/m}^2]$

　　c：風力係數 (例如板狀時為 1.2，圓筒狀時為 0.7)

註）注意此時的速度壓並不是 SI 單位。

3)　共振風速時

根據塔狀構造物建設指針・同解說(日本建築學會 1980 年制定)，獨立煙囪突的設計法中共振風速時的計算概要如下所示。

$$V_C = N \cdot D_m / S \quad [\text{m/s}]$$

　　　V_C：共振風速 [m/s]

　　　N：煙囪的自然振動數 [Hz]

　　　D_m：2/3 塔高位置的外徑 [m]

　　　S：史屈霍數(通常為 0.18)

$$q_c = 1/16 \cdot V_C{}^2 \quad [\text{kgf/m}^2]$$

$$P_d = C_d \cdot q_c \cdot D \quad [\text{kgf/m}]$$

　　　P_d：風向直角方向風力 [kgf/m]

　　　q_c：共振時的速度壓 [kgf/m²]

　　　C_d：共振時風速係數

　　　D：外徑 [m]

註）注意此時的速度壓並不是 SI 單位。

(3)　風車頂部風力負荷的計算

建築基準法中，起重機構造規格等土木建築關係基準的風力負荷計算，都是以物體為靜止的狀況為前提，風車運轉時葉片旋轉的外力並沒有計算進去。日本現在並沒有制定風車承受外力的基準。因此對於作用於風車頂部的風力負荷，以使用風車製造商所提供的數值為原則。

不過，在風車停止運作的暴風情況下，若風壓係數的設定適當的話，「建築基準法施行令第 3 章第 87 條」的基準就有可能可以適用。作用於風車頂部的風力負荷雖然以風車製造商所提供的數值為原則，但在基礎設計時對於暴風時的檢討，也希望能進行這些基準的檢討。

對於裝有螺距控制裝置或橫搖控制裝置的大型風車，如圖 8.15 及圖 8.16，暴風時風車本體會因為橫搖控制而將風車的方向調整到垂直於風，並藉由螺距控制將葉片調整成最小受力狀態。

也就是說在暴風時，受風面積將會減到最小的設計。

但是在停電等無法進行橫搖控制的場合，也有接受橫向來的風讓受

風面積變大的可能性，在海上風車基礎的設計中，要以不考慮停電的情況來設計呢？或是要以怎樣的停電場合來設計呢？必須要重新考慮到風險問題。

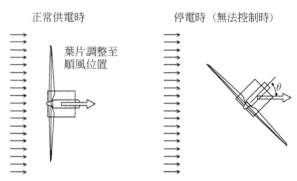

圖 8.15　暴風時的風力負荷方向圖

圖 8.16　不同葉片狀態的正面圖

[參考]

「建築基準法施行令第 3 章第 87 條」中風壓的計算例子。

(1)　條件

適用基準：「建築基準法施行令第 3 章第 87 條」(平成 12 年 6 月 1 日施行)

地區：區分(四)(北海道瀨棚郡、茨城縣鹿島市、靜岡縣南伊豆郡等)

地表面區分：I (極為平坦毫無障礙物)

形狀：圓形塔(直徑 $2.0 \sim 4.0$m)

塔地表高：60m

(2)   根據這個地區的基準所訂的風速

$$V_0 = 36 \text{ m/s}$$

(3)   地表高 60 處速度壓的計算(設計在海上的時候，把海水面當作地表高來計算)

1)   平均風速高度方向的分布係數(Er)的計算

   H 為 Z_b 以下時 $Er = 1.7\left(Z_b/Z_G\right)^{\alpha}$

   H 超過 Z_b 時 $Er = 1.7\left(H/Z_G\right)^{\alpha}$

       H：地表高(基準法中為建築物高度及屋簷高度的平均值)

       Z_b , Z_G：下表所示對應於地表面粗糙度的值

$$Er = 1.7\left(H/Z_G\right)^{\alpha} = 1.7 \times \left(60/250\right)^{0.1} = 1.474$$

地表e度區分	**I**	II	III	IV
Z_b	**5**	5	5	10
Z_G	**250**	350	450	550
α	**0.10**	0.15	0.20	0.27

2)   陣風影響係數(Gf)的計算

   根據下表，$Gf = 1.8$

H 表面粗糙度	(一) 10m 以下	(二) 超過 10m 未滿 40m	(三) **40m 以上**
I	2.0	將(一)和(三)所列數值直線修正	**1.8**
II	2.2		2.0
III	2.5		2.1
IV	3.1		2.3

3)   速度壓公式中數值(E)計算

$$E = E_r^{\,2} \cdot G_f = 1.474^2 \times 1.8 = 3.911$$

4)   速度壓(q)的計算

$$q = 0.6EV_0^2 = 0.6 \times 3.911 \times 36^2 = 3041 \ \text{N/m}^2$$

(4)　地面高 40m、60m 時形狀係數的計算

由於 H/B>8，形狀係數 C_f 根據下表，C_f =0.9k$_z$

H/B	(一)	(二)	(三)
	1 以下的時候	超過 1，未滿 8 的時候	**8 以上的時候**
C_f	0.7 k_z	將(一)和(三)所列數值直線修正	**0.9 k_z**

k_z：根據下表計算

H：塔高(在基準法中為建築物的高與屋簷的高的平均值)

B：塔的直徑

Z：該部分從地面算起的高度

		k_z
H 為 Z_b 以下的時候		1.0
H 超過 Z_b 的時候	Z 為 Z_b 以下的時候	$(Z_b/H)^{2\alpha}$
	Z 超過 Z_b 的時候	$(Z/H)^{2\alpha}$

因此在地面高 40m 的情況下

$$k_z = (Z/H)^{2\alpha} = (40/60)^{2\times0.1} = 0.922$$
$$C_f = 0.9k_z = 0.9 \times 0.922 = 0.830$$

在地面高 60m 時

$$k_z = (Z/H)^{2\alpha} = (60/60)^{2\times0.1} = 1.000$$
$$C_f = 0.9k_z = 0.9 \times 1.000 = 0.900$$

(5)　風壓的計算

地面高 40m

$$W = q \cdot C_f = 3041 \times 0.830 = 2524 \ \text{N/m}^2$$

地面高 60m

$$W = q \cdot C_f = 3041 \times 0.900 = 2737 \ \text{N/m}^2$$

8.9 風力發電系統的故障原因 [4]

　　風力發電是從 1980 年代初期在加州及丹麥開始實用運轉的，當時還未成熟的風車技術經過了 10 年左右的運轉經驗後急速成熟，信賴性也變高。從加州風力發電場風力發電機的發電量（每 kW 單位額定發電量風車的平均發電量 kWh）演進來看，1989 年為 1983 年的 7.5 倍之多。

　　這代表了風車的運轉率、信賴性、性能等都有飛躍式的進步。在風力發電系統整體急速進步的同時，伴隨著風車運轉台數的增加，在嚴酷的氣象環境運轉中也造成了不少事故及故障。

　　丹麥每個月都會發表風車運轉的統計數據。關於風力發電系統的停止件數，從 1990 年到 1991 年的 10 個月間總數 3929 件中，有暴風(22%)、定期保養(22%)、零件故障(9%)、磨損(8%)、過度運作(6%)、短路(5%)、落雷(5%)等因素。從這資料中可以發現，第一，異常氣象的影響很大，第二，在包含異常氣象的運轉條件下，機械的運轉因素、經驗及設計改良是必要的。特別是日本多數的風車，由於颱風時的強風及複雜的地形等而造成的亂流會使得轉子葉片的變動負擔更加嚴酷，所以安全設計是不可欠缺的。

第 9 章　風車與發電機

關於發電機的運轉原理有各種文獻資料，在這一章中針對風力發電所使用的不同種類的發電機進行簡單的介紹。

馬達及發電機有三種主要型式 [1]~[3]。

1) 同步發電機

　　廣為發電機使用，也有人當作高精確度固定旋轉速率的馬達使用。

2) 非同步發電機

　　鼠籠式馬達即為此型式。

3) 整流式電動機

　　舊型汽車用的發電機及直流馬達等就是此型式。

本章將對這三種形式發電機做簡單的說明，此外，也針對它們與風車轉子連結驅動時的特性加以討論。

9.1　同步發電機(SM)[1]

這種型式發電機通常以下列方式製造。

1) 轉子由多電極構成，電極的四周纏繞著線圈。直流電(激磁電流)流入線圈後形成了電磁極。多數的磁極為偶數（每一組都由 S 極和 N 極組成），通常有 2 個~24 個。電極組的數量為 P，轉子以 n_G [rpm] 旋轉時，此時便能觀察定子上某固定點以磁場週期 Pn_G 的週期性變化。

2) 定子通常由三組線圈纏繞而成。三相電流通過這些線圈流入後，在某頻率 f 之下產生變動磁場。

如果轉子和定子磁場以同樣的頻率旋轉的話，此時就會出現不經某個磁場到另外一個磁場的脈動的扭矩。此時適用

$$f = Pn_G$$

同步發電機的定子連接在固定頻率的電壓系統時，旋轉軸在同步化後，以每分鐘 $60f/P$ 的固定轉速旋轉。換個角度來看，當轉子以固定轉速旋轉時，同步發電機便供給固定頻率的電壓。

如此，若是風車轉子與跟電力網直接連結的同步發電機結合的話，就必定會依固定頻率(週期旋轉速率)旋轉。

如果同步發電機獨立運轉的話，旋轉速率的變化是可能的，但輸出電壓也變成可變頻率。對於用在電熱上來說這不會造成任何問題，但在其他的應用上就必須整流或是更進一步進行 DC/AC 的變換。

3) 一般同步發電機的轉子有可以供給直流(DC)激磁的兩個集電滑環(slip ring)，產生的電壓及電流(依存於相位的數)從定子線圈的端子取出。圖 9.1 就是其圖示。

4) 此外，也有無集電環（或是無電刷）的同步發電機。此種發電機是將另一種小型交流發電機安裝在同步發電機的延長軸上，這種發電機通常在定子上有磁場線圈，電流由轉子產生。換言之，此小型交流發電機將激磁繞組安裝在定子，電樞繞組安裝在轉子，電樞繞組產生之三相電源經整流後直接供給同步發電機之激磁繞組，故無需集電環。

產生的電力由安裝在軸上的二極體整流，然後供給原本的同步發電機轉子的磁場線圈。舊型的則有另外一具小型直流發電機。

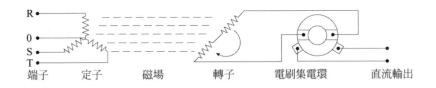

圖 9.1 3 相同步發電機

另外一種無電刷型的同步發電機是具有永久磁鐵轉子的發電機。

其優點有：

(1)　沒有激磁電流造成的損失

(2)　因為沒有電刷所以磨損也少

缺點有：

(1)　永久磁鐵的磁場沒有激磁磁場那麼強

(2)　發電機的輸出不能藉由控制激磁電流來控制。

(3)　啟動扭矩大

5)　還有，在同步發電機上的設計上，亦可將定子安裝磁極，而轉子產生主電流。

9.2　非同步發電機(AM)[1]

1)　基本來說，AM 的定子跟 SM 的定子是一樣的。定子線圈通常都與 AC 電壓系統例如電力系統聯接。單相 AM 是一個線圈，三相 AM 則由三個線圈供給旋轉磁場。

2)　轉子的繞線一般不跟電源連結，呈現短路狀態。使用了勾勒輪廓的線圈轉子，讓轉子繞線在發電機外部呈現短路狀態。藉由集電滑環將端子取出到外部，因為後者的構造而能控制發電機。

3)　旋轉的定子磁場將轉子線圈感應電流。這些電流僅靠著轉子繞線的自身阻抗限制，定子的磁場經由轉子的電流誘導繞線作用在扭矩上，轉子又被這個扭矩強制旋轉。

當轉子與旋轉定子磁場以同樣的旋轉速率旋轉時（此時的旋轉速度稱為同步速度），轉子不會感應電流，定子磁場也不會在轉子上作用扭矩。從這件事中可得知，當必須讓定子對轉子起作用時，轉子的機械旋轉速度 ω_m 必須跟定子磁場的旋轉速度 ω_s 相異。

轉子跟定子磁場用不同步的速度旋轉。這個速度差用發電機相對的「轉差率」s 來表示。

$$s = \frac{\omega_s - \omega_m}{\omega_s} \tag{9.1}$$

s 的實際值約 4%。

　　4)　以非同步速度旋轉的 AM 在連接到有扭矩的負載時，為產生必要的扭矩，轉子磁場的速度需減速到能讓轉子產生成充分電流。此時的發電機以馬達的角色作用。

　　5)　與上述相反，當 AM 被原動機驅動，且被驅動的轉速比同步速度還快的時候，電流將會由轉子產生。定子連接固定頻率，這些電流將磁場勵磁，接著在定子的繞線上產生電壓，藉以產生電流。如此一來 AM 就會以發電機的角色運作。也就是電力從定子的輸出端子中取出，定子的繞線的機能為

　　(1) 製造出旋轉磁場

　　(2) 傳導發生的動力

　　如果不能利用三相電壓系統的話，AM 無法輕易當成發電機使用，這是因為轉子內無法產生自己的磁場電流。

　　　圖 9.2 就是沒有併接在公共電力網上，當作發電機使用的 AM 的形狀。

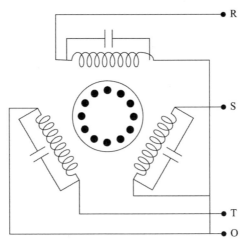

圖 9.2　具備供給自我勵磁容量(電容器)的 AM 的圖示

　　定子繞線跟額外的電容器一起形成共振迴路，這些迴路調整到必要的頻率（例如 50Hz），達到同步速度後，轉子的殘留磁場能夠充分地使定子

產生電流，也足以使 LC 迴路啟動共振電流。這些電流產生了旋轉磁場，通常 AM 發電原理維持著轉子的電流，如此一來就會產生定子的電流。

9.3　同步與非同步發電機的比較[1]

同步發電機(SM)跟非同步發電機(AM)的簡單比較，能藉由併接在一定頻率的強力電力網時生成各自的扭矩－旋轉速率曲線來進行。

1)　如圖 9.3 所示，同步發電機只有在同步速度時才會運轉，在這個速度下，$+Q_{max}$ 和 $-Q_{max}$ 等各種扭矩值會從軸取出或供給。如果扭矩超過 Q_{max} 的話，同步發電機就無法與電力網的頻率同調，這時候就會產生大幅脈動扭矩和電流，會損傷同步發電機。

固定頻率的電力網將這樣的發電機速度嚴格限制在一個數值，這樣的結果造成發電機的啟動需要特別的手續。從電力網分離後，同步發電機必須藉由補助馬達加速到同步速度。在正確極性的時候，會藉由特殊的裝置確認電壓相位的順序和頻率，而能夠連接至電力網。

如果不能利用強力的電力網，SM 必須當作發電機運轉的時候，旋轉速率必須機械式地控制(例如柴油發電機的旋轉速率、蒸氣的供給量、傳達比等)，或是必須使用 AC/DC/AC 變換器。

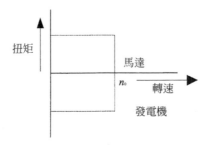

圖 9.3　連結至電力網的同步發電機的扭矩－旋轉速率曲線

2)　非同步發電機可以在同步速度 n_0 左右一定範圍內的速度運轉。就跟至今所看到的一樣，電氣的動力和機械式的動力間的能源傳達源頭

有旋轉速度和同步速度之間的差距(slip)。同步速度(slip 為零)的時候，在非同步發電機和負載之間沒有進行扭矩的變換。另一方面差距過大的時候，超過扭矩的最大值或最小值的非同步發電機以馬達模式減速至零。在發電機模式下 AM 會自由旋轉然後速度上升，只有機械的磨擦對其造成限制。

　　3)　固定頻率的電力網只有在穩定 n 值下的小範圍內變動。AM 只有在定子併接到電力網時才能以馬達模式啟動。有時候為了預防起動時的高電流必須有特殊的配線。

　　穩定的 n 值範圍有數種方法可以擴大。一種方法是使用集電環讓轉子繞線透過可變抵抗形成短路的狀態，這個抵抗愈大，扭矩－旋轉速率曲線就愈平坦。圖 9.4 的虛線就是一例，很明顯可以看出穩定的 n 值的範圍擴大。如果無法利用強力的電力網時，這個 AM 可以使用像圖 9.2 所表示的配線。此時，旋轉速率為了得到一定輸出頻率，應該保持在圖 9.4 所顯示的範圍內。

　　4)　在低風速風車轉子幾乎不會發生扭矩的時候，兩種發電機會在發電機和馬達兩種模式間交錯變換，為了盡可能的不要讓馬達模式出現，必須要說明預防手段。

　　5)　同步發電機的效率通常比非同步發電機的效率良好(約 10%)。

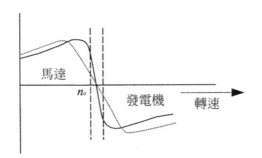

圖 **9.4**　連結到強力電力網的非同步發電機的扭矩－旋轉速率曲線。運轉範圍在 n_0+4%和 n_0-4%之間。虛線為轉子迴路有抵抗的非同步發電機。

9.4　直流發電機[1]

一般而言直流發電機(整流子機 CM)是用以下的方式做成的。

1)　定子具備形成磁場的一組或是多組的磁極。這個磁場可由電磁鐵或是永久磁鐵獲得。

2)　轉子上多數的線圈被分割成槽 (slot)，線圈連接在整流片 (commutator segment)上，整流子上的電刷扮演將電流導到外部工作。產生的電壓是由於整流引起的有小漣波的 DC 電壓。

CM 是電氣機械中最古老的形式，廣為所用，不過由於整流子需要額外的維修，所以 AM 及 SM 等變得更讓人喜愛。雖然 CM 的功能仍舊存在著，但由於 DC/AC 轉換器的出現，以發電為目的時，CM 逐漸被同步發電機所取代。

固定回轉驅動的應用部分同 AM，而變速回轉驅動的部分則同 CM 的功能，大部分的發電機都有 CM 驅動。其扭矩-旋轉速率曲線如圖 9.5 所示，電壓和激磁電流強力依存。

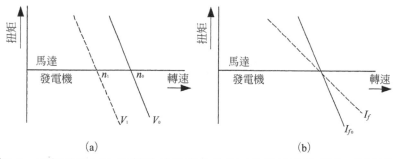

圖 9.5　兩個電壓(a)和兩個激磁電流的值(b) (分別經過勵磁)的 CM 扭矩－轉速曲線

9.5　發電機和風車的組合[1]

為了利用風力能源，幾乎所有形式的發電機都被利用了。至今所使用過的發電機中並不存在所謂的「最佳形式」，由於風車轉子的特性與發電機的特性相異，所以風車與發電機的整合成為一個極為重要的課題。圖 9.6 中顯示為了得到風車與發電機最適合組合的流程。

1)　　在與公共電力網的直接連結方面，AM(非同步發電機)是極為有用的。因為周期過程相較來說較為簡單、低成本以及維修容易。丹麥及荷蘭大部分的中小型風力發電機(10～100kW)都使用 AM。

可是或多或少固定旋轉速率還是會有大幅的扭矩變動，會引起大幅的電流變動，從機械的構造面來說不好，電力公司也不喜歡。

也有許多使用同步發電機情形，但這會出現更多的扭矩和電流變動。為了減少這樣的變動需要活動耦合類的機械方法，轉子以可變速度旋轉，利用可變速齒輪或 AC/DC/AC 轉換器等方式。

後者的方法在荷蘭獲得大力支持，同步發電機及 DC 整流機兩種方式在數種發電機上作過測試，使用特殊電器進行可變速運轉，得到固定頻率及電壓輸出。例如雙饋式(double-fed) AM 的轉子就是利用定子磁場速度和轉子速度間差異的頻率 Δf 電流通過集電環供給的。

2)　　蓄電池充電用中 DC 整流器至今仍廣泛使用在小型風車(Windcharger、Bergy、Vernie 等)上，但具備有整流器的同步發電機被使用得更多(開發作為汽車用的也一樣)。

如果知道風車的轉子和發電機兩者的動力－轉速特性的話，其組合的順序就很簡單了，抽水機和風車轉子的組合也是一樣的，唯一的例外是大部分的發電機都需要高速旋轉，所以通常需要增速齒輪，因此必須決定最適當的齒輪比。

但是實際問題比表面看起來複雜，因為動力－轉速關係依存於發電機的種類、功因數、負荷的大小、磁場電流等，還有跟發電機的旋轉速率是否能因為電力網而保持固定，與容許變速也有關係。

更複雜的是，大部分的發電機都設計在某一個最適當旋轉速率下，在低旋轉速率下，要得到良好的特性是很困難的。

在這裡不考慮這些複雜的面向，假設已經得到發電機與轉子之間的動力－轉速曲線。

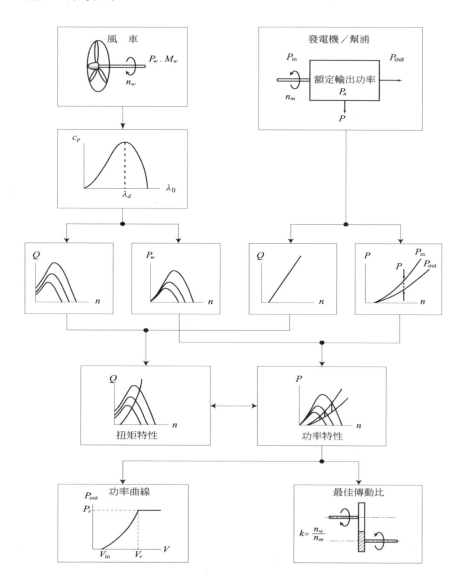

圖 9.6　風車與發電機的整合流程

9.5.1 已知特性的發電機與風車轉子

發電機與風車轉子的特性曲線為已知的時候，剩下唯一的參數是齒輪箱的增速比(齒輪比)，齒輪箱轉子最適當的轉速約為 1000～1500rpm。為找出風車設置場所平均風速—風車轉子的最適宜動力曲線，如圖 9.7，一般可以描繪對於不同增數比 i 時發電機的多條動力－轉速曲線。

一旦找出了最適宜增速比，就可以描繪電力輸出曲線，然後找出系統的動力輸出與風速間的關係。

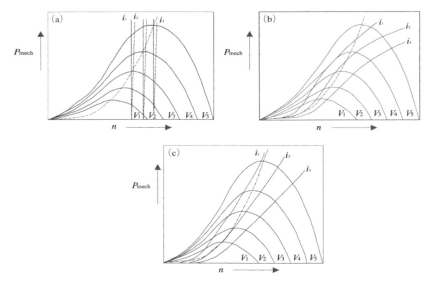

(a) 定速同步(──)和非同步發電機(-·-)的系統互連

(b) 可變速同步發電機 ＋AC/DC/AC 變換器

(c) 可變速整流機

圖 9.7　風車轉子與三種不同形式的發電機的組合

圖 9.8 是接近理論值的 P-V 曲線，這個轉子的數據是經由風洞試驗獲得的。實際的 P-V 曲線由於有風速及風向的變化影響，所以會比風洞試驗的曲線稍微低一些。

圖 9.9 即為一例，可以看出實際的量測會有稍微不規則分布的特性。

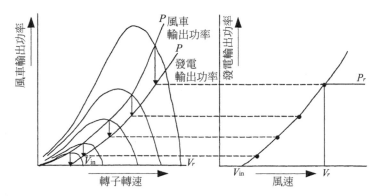

圖 9.8　與風車轉子結合的發電機的輸出功率－風速的關係

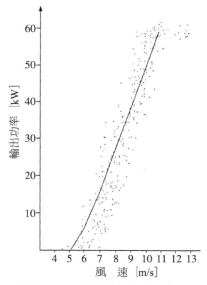

圖 9.9　風車的輸出功率曲線

9.5.2　可變速發電機的轉子設計

在多數的場合，雖然沒有發電機及風車轉子雙方的特性，但卻計畫要針對指定的發電機做風車轉子的設計，此時就需要附加的資訊，也就是起動風速 V_{in} 及額定風速 V_r 是必要的。這些可以動力輸出的研究來推

導。

起動風速 V_{start} 是轉子開始旋轉時的風速,該風速下轉子出現了發電機與齒輪箱的啟動扭矩,接著開始產生實質動力。

設計驅動發電機的轉子時,必須要先決定周速比。

由於 2 葉葉片及 3 葉葉片的轉子是最廣為使用的,周速比大多都在 5 ~ 8 之間變化。例如周速比為 5、6、7 或 8,都採用 9.5.1 節的做法重複費工夫的解法,選擇對轉子適當的傳動比,其後,以 V_{in} 及 V_r 的值來產生 P-V 曲線。

除了這個嘗試錯誤法外,接下來敘述的直接法,隨著風速改變發電機的轉速跟著改變,為了驅動發電機+齒輪箱的必要的機械式動力,以維持在儘可能接近風車轉子所能產生的最大動力為目標。這在低風速時特別準確,在 V_{in} 的狀況下來達到 $C_P = C_{P\max}$。

能否保持固定周速比(λ_d),轉子速度以及發電機轉速,必須跟風速有一定的比例關係,如下所示。

$$n_r = n_{in} \times \frac{V_r}{V_{in}} \tag{9.2}$$

如果 n_r 比(9.2)式所計算出的值小的話,周速比便無法保持在固定的值,而必須使用其他的方法。如果 n_r 大出許多的話,P_r 大概無法在 V_r 的情況下到達,也就是這些的選擇中有錯誤。

假設 n_r 為適當的數值。

最初必要的轉子面積 A 由下式決定。

$$C_{P\max}\eta_{tr}\frac{1}{2}\rho A V_{in}^{3} = P_{mech}(n_{in}) \tag{9.3}$$

得出轉子面積後,必須確認實際上要求的額定旋轉速率下,是否可以得到額定輸出功率 P_r。

$$C_{P\max}\eta_{tr}\eta_G\frac{1}{2}\rho A V_r^{3} > P_r \tag{9.4}$$

如果無法滿足此條件的話,必須隨之增加轉子面積,或是接受 V_r 更高的數值。其結果可以找出在 V_{in} (n_{in} 轉速)時,$C_P = C_{P\max}$ 假設下,設計周速比 λ 和 i 的關係。

$$\lambda_d \times i = \frac{2\pi n_{in} R}{V_{in}} \tag{9.5}$$

基本上可以選擇周速比 λ 與 i 之間的任意組合。但是有一個限制，就是周速比愈高轉子的起動扭矩就愈低，而在這裡必須以比轉子 V_{in} 還低的風速 V_{start} 起動。起動扭矩可以藉由下列經驗中所得出的式子找出。

$$C_{Qstart} = \frac{0.5}{\lambda_d^2} \tag{9.6}$$

$$\frac{0.5}{\lambda_d^2} \frac{1}{2} \rho V_{start}^2 AR = Q_{start} \times i \tag{9.7}$$

表 **9.1**　風力發電機的設計參數

	已知的參數	未知的參數
發電機	$P_r,\ n_r, n_G,\ P_{mech}$ $n_{in},\ Q_{start}$	
轉子	$C_{P\max}$	λ_d, A
齒輪箱	n_{tr}	i
風況	$V_{in},\ V_r$	V_{start}

到目前為止，一直都無視於齒輪箱的起動扭矩，是因為一般來說那比發電機的起動扭矩和 i 的乘積小許多。

從 $V_{start} < V_{in}$ 來看，(9.7)式可以表示成下式。

$$\lambda_d^2 \times i < \frac{0.5 \frac{1}{2} \rho V_{in}^2 AR}{Q_{start}} \tag{9.8}$$

結合(9.8)式與(9.5)式，可以得到下式。

$$\lambda_d < \frac{0.5 \frac{1}{2} \rho V_{in}^3 A}{2\pi n_{in} Q_{start}} \tag{9.9}$$

9.5.3　計算例

將 9.5.2 節所敘述的方法以下列計算例說明。

假設發電機有下列特性。

P_r =2000 W Q_{start} =0.6 Nm

n_r =30 rps n_{in} =10 rps

$n(n_r)$ =0.8 $P_{mech}(n_{in})$ =150 W

其他必要的數據有

齒輪箱 η_{tr} =0.9,   轉子 $C_{P\max}$ =0.35

風車 V_{in} =4 m/s, V_r =11m/s

為了找出適當的轉子，首先先使用(9.2)式確認額定風速。

$$30 > 10 \times \frac{11}{4}$$

30>27.5

接著，所要的轉子面積由(9.3)式找出。

$$A = \frac{150}{0.35 \times 0.9 \times 0.6 \times 4^3}$$

A=12.4 m^2，$R = 2$ m

此時，用(9.4)式確認這個轉子面積是否會產生額定輸出功率。

$$0.35 \times 0.9 \times 0.8 \times 0.6 \times 12.4 \times 11^2 = 2495 \text{ [W]}$$

因為比需要的 2000W 大，所以滿足條件。周速比和齒輪比 i 的關係如(9.5)式所示。

$$\lambda_d \times i = \frac{2 \times 3.14 \times 10 \times 2}{4} = 31.4$$

周速比的最大容許值以(9.9)式找出。

$$\lambda_d < \frac{0.5 \times 0.6 \times 4^3 \times 12.4}{2 \times 3.14 \times 10 \times 0.6}$$

$$\lambda_d < 6.3$$

如果周速比 6 適當的話，採用 3 葉葉片，這個轉子就會在 V_{in} 以下開始，必要的傳動比就會如下。

$$i = \frac{3.14}{6} = 5.2$$

這個系統最終的 P-V 曲線可以用 9.5.1 節所敘述的方法找出。

9.5.4　風力渦輪輸出功率的數學表示

瞬間（短時間的平均）風速時，風力渦輪輸出功率的一般式為

$$P = C_P \eta \frac{1}{2} \rho A V^3 \tag{9.10}$$

在這一節中，介紹額定風速 V_r 以下風速的輸出功率。相對於各式各樣的風力渦輪機在 V_r 以上及 V_{out} 以下的風速，其輸出動力假設限制在固定輸出 P_r。V_{out} 以上的風速風車會停止變成 $P=0$。

這些假設讓 $C_p \eta$ 與 $1/V^3$ 為比例關係，顯示出 $V_r < V < V_{out}$ 時為 V_r，$V > V_{out}$ 時則為零。

最理想的狀況是 $C_P \eta$ 在 $V < V_r$ 的各種風速時，等於其最高值 $(C_P \eta)_{max}$。

$$P = (C_P \eta)_{max} \frac{1}{2} \rho A V^3 , \quad \text{或是 } P = \text{const} \times V^3 \tag{9.11}$$

這對各式各樣的風力渦輪的設計者來說都是理想，但實際上，只能盡可能的接近這個理想，實際上其結果比理想小。

一開始，實際的風力渦輪機只會在風速 V_{in} 以上才會產生真正的動力。接著 V_{in} 和 V_r 之間的輸出功率曲線為任意曲線。也就是 1 次方、2 次方、3 次方，甚至更高次方的方程組合(例如 11.2 節的抽水風車)。如圖 9.10 所示的數條曲線。

一般而言，輸出功率曲線可以分成兩種：

1) 在 V_{in} 和 V_r 之間達到最高效率。也就是 3 次方曲線 $(C_P \eta)_{max} (1/2) \rho A V_d^3$ 在 $V_{in} < V_d < V_r$ 的點連接的輸出功率曲線。如圖 9.10 的直線輸出功率特性的例子即是。

2) 在 V_r 達到最高效率，即 $V_d = V_r$，也就是圖 9.10 第三圖所示的急遽輸出功率曲線。

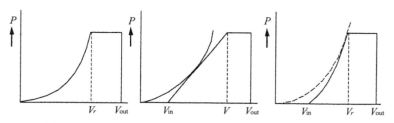

圖 9.10　風力渦輪的理想及兩種典型的輸出功率曲線

　　圖 9.9 所示為野外量測的風機功率與風速的函數關係，針對設計風速、效率以及不同的額定風速的額定輸出功率可以以數學來推導。

　　因為線性模式通常都與實驗數據呈現出良好的一致性，若使用線性輸出功率模式，則線性模式如下：

$$\text{線性(一次)} \quad P = P_r \times \frac{V - V_{in}}{V_r - V_{in}} \tag{9.12}$$

代入(9.10)式，上式將會變成

$$C_P \eta \frac{1}{2} \rho A V^3 = (C_P \eta)_{V_r} \frac{1}{2} \rho A V_r^{\;3} \times \frac{V - V_{in}}{V_r - V_{in}} \tag{9.13}$$

各風速的 $C_P \eta$ 可以用下式求出

$$C_P \eta = (C_P \eta)_{V_r} \times \frac{V_r^{\;3}}{V^3} \times \frac{V - V_{in}}{V_r - V_{in}} \tag{9.14}$$

如果想要決定到達 $C_P \eta$ 最大值的風速 V_d 的話，必須將(9.14)式微分。

$$\frac{dC_P \eta}{dV} = (C_P \eta)_{V_r} \times \frac{V_r^{\;3}}{V_r - V_{in}} \times \left[-\frac{2}{V^3} + \frac{3V_{in}}{V^4} \right] \tag{9.15}$$

微分結果為零且 $V = V_d$ 時，可得到下式。

$$V_d = 1.5 V_{in} \tag{9.16}$$

　　這表示，只要是線性輸出功率特性，不管是怎樣的風車設計風速都會是起動風速 V_{in} 的 1.5 倍。

　　將結果代入(9.14)式整理後，可得到以 V_d 表示的 $C_P \eta$ 公式：

$$C_P \eta = (C_P \eta)_{\max} \times \frac{V_d^{\;3}}{V^3} \left[3 \frac{V}{V_d} - 2 \right] \tag{9.17}$$

或是以 V_{in} 表示的 $C_P \eta$ 公式：

$$C_P \eta = (C_P \eta)_{\max} \times \frac{6.75 V_{in}^{\;3}}{V^3} \left[\frac{V}{V_{in}} - 1 \right] \tag{9.18}$$

(9.17)式如圖 9.11 所示。

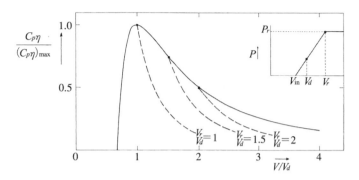

圖 9.11　風力渦輪機相對效率為風速的函數

為了找出不同的額定風速下的額定輸出功率，將 V_r 代入(9.17)式，方程式的兩邊同乘 $(1/2)\rho A$ ，結果就會變成下式。

$$P_r = (C_P\eta)_{\max} \frac{1}{2} \rho A V_d{}^3 \left[3 \frac{V_r}{V_d} - 2 \right] \tag{9.19}$$

同樣的做法可以用在一般的輸出功率模式上。

$$P = P_r \frac{V^C - V_{in}{}^C}{V_r{}^C - V_{in}{}^C} \tag{9.20}$$

代入(9.10)式，上式變成

$$C_P\eta = (C_P\eta)_{V_r} \times \frac{V_r{}^3}{V_r{}^C - V_{in}{}^C} \times \left[V^{C-3} - \frac{V_{in}{}^C}{V^3} \right] \tag{9.21}$$

將上式對 V 微分為零後，可以得到設計風速 V_d 。

$$V_d = \sqrt[C]{\frac{3}{3-C}} V_{in} \tag{9.22}$$

當 C=1，可以得出(9.16)式的結果。

當 C>3，無法得出設計風速，那是因為輸出功率曲線比理想的 3 次方曲線斜度大，只有在 $V_r = V_d$ 下才會與輸出功率曲線交錯。

計算效率後會變成下式。

$$C_P\eta = (C_P\eta)_{\max} \times \frac{3}{C} \left[1 - \frac{C}{3} \right]^{1-\frac{3}{C}} \times \frac{V_{in}{}^3}{V^3} \left[\frac{V^C}{V_{in}{}^C} - 1 \right] \tag{9.23}$$

與預期相同,當 $C=1$ 可得(9.18)式。

額定動力從下式中得出:

$$P_r = \frac{3}{C}\left[1-\frac{C}{3}\right]^{1-\frac{3}{C}} \times (C_P\eta)_{\max} \times \frac{1}{2}\rho A V_{in}{}^3 \left[\frac{V_r{}^C}{V_{in}{}^C}-1\right]\qquad(9.24)$$

韋伯分布的風況下,為了計算風力渦輪的輸出功率可以使用這些模型。

第 10 章　系統互連和獨立電源

　　本章首先說明各種發電機的特徵，接著從風力渦輪機和發電機的整合觀點來說明風力發電的發電特性，同時討論風力發電的系統互連上的相關課題，詳述對電力系統影響小的可變速旋轉同步發電機風車，與定速旋轉感應發電機風力發電機進行比較。

10.1　風力發電系統與電力系統的連結 [1][2]

　　近年，風力發電的導入在全世界都很活躍，2001 年末的世界風力發電總設備容量超越了 2000 萬 kW。日本新能源產業技術開發機構(NEDO)的現場試驗成果，到了 90 年代後半，風力發電也急速進展，總設備容量超越了 30 萬 kW。風力發電裝置的單機容量也逐年大型化，甚至出現了額定功率超過 1000kW 的商業機。

　　這些大型風車的發電幾乎都和電力系統互連使用，但是在風力發電變動較大的間歇電源的情況下，系統所接收使用的感應發電機電力，對電壓及頻率等電力品質的影響讓人擔心。特別是日本適合風力發電的地方多為輸電系統較弱的人口稀少地帶，這可能是大規模風力開發的障礙。

10.1.1　風力渦輪

　　一般而言，風力發電用的風力渦輪不是螺旋槳型的 2 葉葉片就是 3 葉葉片的高速風車。理由是在同一直徑的情況下，高速風車較為輕量且比低速風車的成本低，而且由於高速旋轉所以齒輪增速比不用太大，增速齒輪也可以輕量化。更進一步，高速風車轉子的起動扭矩小，發動機

起動的所需要的扭矩也小，所以可說是很適合發電機驅動用。

發電用風車有固定螺距及可變螺距的葉片。也有在轉子靜止時，可增大螺距的特別調整裝置，讓起動變得更容易。

此外，有些固定螺距的高速螺旋槳型風車及打蛋形風車，也在感應發電機起動時做為電動馬達運轉，達到正常旋轉後切換成發電機。

一般的風車轉子藉由增速齒輪來驅動發電機。但是在最近的大型風車上，多極性的大型發電機由可變速轉子直接驅動的裝置也變得很多。順帶一提，在 2001，擁有世界第一風力發電的設備容量的德國，市場占有率第一的是 Enercon 公司的可變速同步發電機。

10.1.2 發電機

風力發電通常使用感應發電機、同步發電機、永久磁鐵式發電機三種發電機，其中最常使用的是小型、輕量且低成本的鼠籠型感應發電機。圖 10.1 是各種的風力發電機。

現在的大型風力發電機中使用了感應發電機及同步發電機。感應發電機附有增速齒輪，同步發電機主要是無齒輪的。由於感應發電機多極無齒輪化很困難，以無齒輪為賣點的風車製造商使用同步發電機。同步發電機無齒輪風車的賣點是旋轉零件可以達到最小且簡單的構造。另一方面，永久磁鐵式的同步發電機沒有激磁系統，追求單純構造，其開發也正在進行。特別是 1990 年左右普及的釹磁石，由於原料豐富，且比起以前普及的鐵酸鹽磁石，最大能源積存量約為 10 倍。因為採用了這個強力的釹磁石，與多極無齒輪發電機所使用的直流激磁方式擁有同樣的重量與體積，沒有電流旋轉子的風車用多極無齒輪發電機也有實現的可能性。

一般而言感應發電機型風力發電機直接與電力系統互連進行定速旋轉，同步型風力發電機則藉由反相器與電力系統互連進行可變速旋轉。可變速風車轉子的慣性及旋轉的加減速，能使風速的變動能源脈動暫時儲存，所以電力品質可以顯著的比較好。

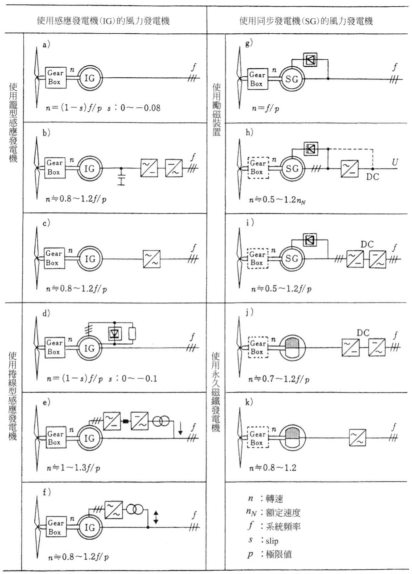

圖 10.1　各種風力發電機

（資料來源，NEDO風力資料1997）

(1) 可變速、同步發電機

對於不斷變動的風速,發電方式可分為固定轉速控制方式與可變轉速控制方式兩種。

固定轉速控制方式通常使用鼠籠型感應發電機,而可變速控制方式則使用繞線型感應發電機及同步發電機。

同步發電機型中,一般是將發電機的輸出先轉換成直流,再利用換流器變換成交流的 AC-DC-AC 連結方式,這種方式的最大特徵是發電機的旋轉速度與系統的頻率沒有必要同步。可變速、同步發電機型風力發電機和固定轉速感應發電機的比較如表 10.1 所示。

表 10.1   風車發電方式的比較

項目	可變極數 感應發電機	可變速 同步發電機
發電機的構造	密閉型 小型輕量	開放型 稍大型
激磁裝置	不需要	需要
單獨運轉	不能	可以
併入系統時的 湧入電流	軟起動故極小化	沒有
功率	隨發電量變化	可以控制
附加變動	可以安定運轉	很少
保養性	容易	普通

(2) 同步發電機

所謂的同步發電機是由被稱為 S 極-N 極的磁極,與被稱為電機定子(可取出交流電力)的線圈相對旋轉之構造的發電機。一般是在轉子側放激磁繞組(或稱磁場繞組),固定側放電機定子繞組。由於不管是同步發電機或是感應發電機,旋轉側都稱為轉子,固定側都稱為定子,所以也有很多人叫激磁繞組為轉子,稱電機固定子為定子。同步發電機的「同步」是指轉子與定子的氣隙(air gap)的磁場,通常與轉子以同樣的速度同步旋轉。另一方面,感應發電機則是轉子與定子的氣隙的磁場跟轉子是不同

速度，也就是旋轉磁場和轉子間產生了轉差(slip)的狀態旋轉。其相對速度稱為「轉差率」，感應發電機也稱為非同步發電機。

同步發電機中製造轉子與定子的氣隙磁場的機能主要由激磁系統擔任，而定子則負責將發電的交流電力取出。另一方面感應電動機的定子則同時兼有製造磁場的機能及取出交流電力的機能。其差距在 S 極 N 極及較多極的發電機的實現性上展現。換言之，旋轉速率低的風車與多極同步直驅式無齒輪風力發電機雖然可能實現，但由於多極感應發電機的特性不佳，所以使用特性較優越的 4 極機等的轉子與搭配增速齒輪組合以提升旋轉速率。

(3)　可變速、同步發電機的特徵

可變速、同步發電機風車採用多極同步發電機、無齒輪、AC-DC-AC 連結方式等方面來看，有下列特徵。

1)　由於沒有齒輪且低速旋轉，機械性的磨耗較少，損失也較小。沒有齒輪產生的噪音，保養也較容易。

2)　因為採用了換流器(inverter)，併入系統時幾乎不會發生瞬間湧入電流(inrush current)現象。

3)　由於可以維持功率因數為 1，所以不需要無效電力補償的設備。在一定範圍內功率是可以調整的。

4)　藉由將風速的變動儲存成轉子的旋轉能源，小幅度的輸出變動是可能的。

5)　藉由可變速控制可以配合風速有效率地運轉，在低風速也可以發電。

6)　藉由螺距控制及換流器控制可以限制輸出功率。及時控制輸出功率的限制值，且可以讓功率的變動變小。

不過，這個發電機的缺點是設計及製造很複雜，以及會產生高次諧波，但高次諧波可以降到不會造成問題的程度。現在的 PWM 換流器跟之前的閘流體型比起來高次諧波的頻率較高，因此比較容易使用濾波器消去。德國的 ENERCON、TACKE、SUDWIND 以及丹麥的 VESTAS 的機種已經採用了這種濾波器。

(4)　藉由可變速運轉高效率化

　　風車的轉速跟輸出功率的關係，以風速為參數如圖 10.2 所示。從圖中可以了解到，對應最大功率的轉速會隨著風速一起變化。也就是說，為了得到最大效率，風車必須跟著風速改變旋轉速率。積極實行的方法就是可變速運轉，因此，一般而言可變速運轉的機種都有在風速 2.5m/s 程度的低風速就可以開始發電的特徵。

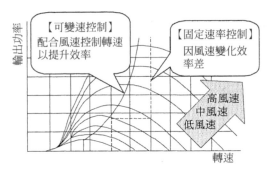

圖 10.2　風車的旋轉速率與輸出功率特性

(5)　輸出功率限制機能

　　可變速、同步發電機型風車可以藉由螺距控制及換流器控制限制最大輸出功率，變更風車輸出功率的上限。由於電力系統有的時候會想要限制風車的輸出功率，此時通常會想到停止數架風車，但這只能控制風車的單機容量，且必須在需要電力時，重新起動，不可能短時間應變。只要使用輸出功率限制機能便能限制最大輸出功率，而且其限制值的變更也可以輕易做到。這個機能讓通常不可能的風車輸出功率控制變得可以部分控制，只要下功夫在限制值的設定方法，就有可能可以應用在輸出功率變動的控制上。

10.1.3　降低對系統的影響

　　舊型感應發電機及可變速同步發電機和換流器(invertor)組合而成的風力發電機特徵如圖 10.3 所示。

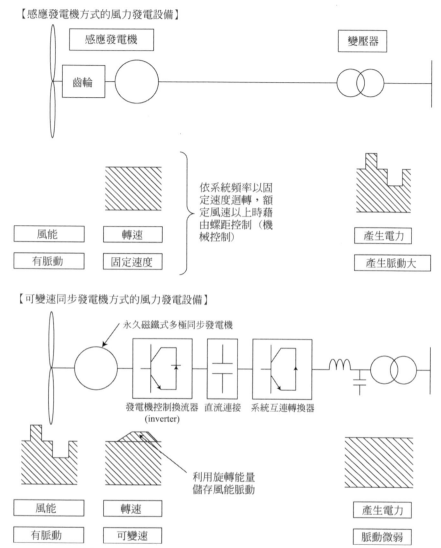

圖 10.3　感應發電機及可變速同步發電機的比較

　　因為可變速、同步發電機型風車一般而言採用 AC-DC-AC 連結方式，發電機與電力系統並沒有直接連結。因此風車輸出功率併入系統時幾乎不會發生湧入電流的狀況。湧入電流根據系統的狀態可能引起電壓

下降等,有時候需要為了系統的穩定可裝置 SVC(無效電力補償裝置)。因為可變速、同步發電機型風車不會發生這個問題,對風車與配電線末端的連接及電力系統比較小的離島是有利的。

因為風力發電的輸出功率正比於風速的 3 次方,所以隨著風速變動輸出功率也大幅變動。可變速、同步發電機型風車因風速的變動,轉速也隨之改變,因為把變動量當作旋轉能量吸收,所以跟定速旋轉發電機比起來輸出功率的變動較小,也就是風愈強旋轉速率上升,能量的增加量會當作旋轉能量取出,為輸出功率變動少的發電機。

另一方面,使用舊型定速旋轉之感應發電機的風機,像丹麥的VESTAS 一樣,發電機靠著被稱為 OptiSlip 的高「轉差率」,風車轉子和發電機雙方都容許約 10%的轉速的變動,也有系統下功夫讓急遽的風速變動的影響不波及到系統。圖 10.4 就是具備 OptiSlip 的 VESTAS 660kW風車對應風速變化的螺距角及發電機的旋轉速率變化,以及輸出功率的狀況[3]。

另外,如圖 10.5 所示,也有結合蓄電池或飛輪以提高電力品質的例子。

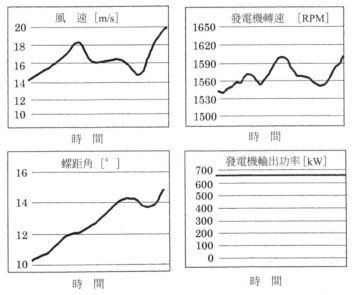

圖 10.4 有高「轉差率」的 Vestas 660kW 風車的輸出控制

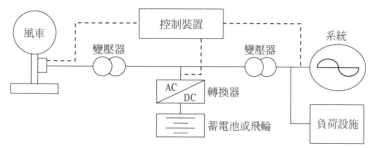

圖 10.5　併設蓄電池或是飛輪的風力發電設備

10.1.4　系統連結風機的電力品質

　　與電力系統互連運作的風力渦輪機會互相干擾，電力品質會降低。展現電力品質的主要因子是單位時間的電壓變動。包括電壓上升(長期)、不穩(1Hz 以上)、閃爍(1～30Hz)、高次諧波(50Hz～2.4kHz)、尖峰(個別現象)這些變化。電壓上升的起因是平均產生電力上升，而電壓的不穩及尖峰的起因是風速變動。1Hz 範圍內的電力、電壓變動及閃爍是周期性的空氣力變動引起的，但其主要原因為風車塔的塔影及風的垂直方向的速度變化等。高次諧波電壓是電力電子轉換系統及濾波器控制組、電容器等造成的。

　　風力渦輪運轉中的各種障礙因不同的電力轉換系統有所不同。例如閃爍的程度被發電系統的強弱所左右。定速旋轉、低轉差率的非同步發電機與系統直接連接的場合，跟高轉差率、可變速同步發電機相比，電壓閃爍數值明顯較高。另一方面，可變速風車通常因為使用了電力轉換系統，其構造上比較容易產生高次諧波。

　　此外，不論什麼種類的轉換裝置，當起動、關機或是發電機各式切換動作時都會造成電壓變化，影響甚至會波及到輸電網的電壓。這裡提供山形縣立川町 1500kW 級風力發電設備的組成如圖 10.6 所示，作為參考。

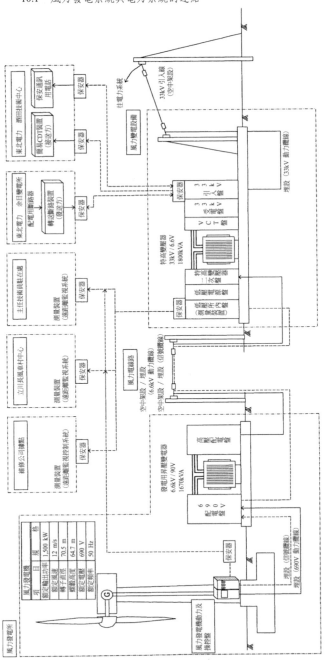

圖 10.6 1500kW 級風力發電設備的構成圖(山形縣立川町)

10.1.5　短時間電力供給預測[(4)]

丹麥西部的電力公司 ELSAM 為了維持今後伴隨著風力發電增加的系統電力品質，在 1997 年開始實施風力發電的短時間預測。這種方法被稱為 WPPT (Wind Power Prediction Tool)，採用的資訊是風力發電廠的數據及 48 小時氣象預報的數據。丹麥的氣象局從各風力發電廠每六個小時為單位，獲得 48 小時前的風速預測情報。根據這些預報，以 30 分鐘為間隔預測 39 小時後的風力發電量。圖 10.7 就是 1998 年 2 月的某 3 天的例子，虛線為預測發電電量，實線為實際的發電量。橫軸是從該月開始的時間經過。根據約 1 年的 WPPT 的實績，預測誤差的標準偏差在 6 小時預測時間是 70MW，39 小時預測時是 130MW。這分別相當於風力發電總設置容量的 7% 及 14%。ELSAM 表示預測精準度的提升為今後的課題，但同時也做出這個方法在每日的配電計畫決策上是有用的的評價。

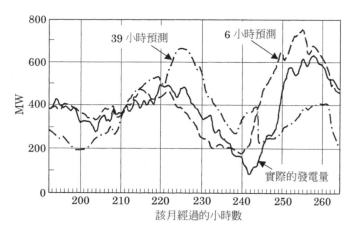

圖 10.7　風力發電的預測發電量和實際的發電量

10.2　獨立電源的風力發電

日本從 1990 年代後半開始，風電可能為再生能源開發的一環，地方自治體及民間事業導入風電系統相當積極，以 500kW 以上的大型風車為

主流。另一方面，1kW 以下的微型風車和數 kW 到 10kW 級的小型風車當作獨立電源的應用也很活躍，但至今似乎並沒有小型風車應用的相關報告。

因此本節說明小型風車應用的現狀及課題，說明現在小型風車的設計概念，同時對利用系統做了調查。還有調查日本小型風車應用的現狀，更進一步介紹小型風車的使用上的相關課題。

10.2.1　小型風車的設計概念

現在的風力發電廠與電力系統連結運轉的大型風車，以 3 葉葉片的螺旋槳型為標準，技術上已經達到完成的階段。只要選擇風況佳的地點，發電成本即足以與火力發電等舊型發電系統互相競爭。另一方面，50kW以下的小型風車、迷你風車、1kW 以下的微型風車，配合各式各樣的使用目地，有許多種類的應用方式。

螺旋槳型等水平軸的小型風車起動時利用空氣力學的扭矩，利用尾翼讓轉子的旋轉面朝向風的方向。小型風車的分類有數種方法，IEC 過去將受風面積 40m^2（轉子直徑 7.1m）以下定義為小型風車，但 2000 年將受風面積擴大到 200m^2（轉子直徑 16m）。表 10.2 中顯示這些小型風車的分類。現在日本絕大多數引進表 10.2 中的微型風車及迷你風車。如表 10.2所示，這些小型風車的設計及運轉參數依存於轉子葉片的半徑。這是假設所有的葉片幾何型狀幾乎一致，且材料密度均一的葉片在同一周速比下運轉的情況。表 10.3 所顯示小型風車的問題在於起動扭矩就很容易了解了，雷諾數的影響較小。使用永久磁鐵的微型風車葉片數愈多愈容易起動，迷你風車由於比微型風車的葉片半徑大所以起動扭矩也變大，雖然容易起動，但其反向慣性也會變大，所以要讓旋轉速率上升需要花一些時間。

風車葉片的基本空氣力學課題跟大型風車共通，但小型風車有數個特異的問題。其中最重要的課題是風車的起動、低雷諾數的動作、大攻角下的運轉、方向控制和防止過度旋轉等。一般而言直徑愈小葉片的旋轉速率就會增加，葉片的負荷由離心力支配。

表 10.2　小型風車的分類‧運轉參數

分類	輸出規模 [kW]	轉子半徑 [m]	轉子最大 轉速[rpm]	主要用途	發電機 形式
微型	1	1.5	700	通訊 動力遊艇	永久磁鐵 (PM)
迷你	5	2.5	400	山小屋 遠距離房子	PM 或 感應機
小型	20+	5	200	迷你系統 遠距離村落	PM 或 感應機

　　小型風車的使用歷史悠久，雖然技術上可以說是到了完成階段，但各國的風車製造商仍舊各自進行著研究開發。美國能源部國家再生能源實驗室(DOE/NREL)風力開發計畫在開發大型機的同時，小型機的開發也持續進行中。

　　小型風車的製造商在國內外都極多，其中以小規模的企業較多，實際狀況是至今品質十分不穩定。因此關於小型風車的安全性，經過數年討論的結果訂下了 IEC TC88-WG4 規範，目前亦已訂定相關的日本工業標準(JIS)，以達到參考的目的[5]。

表 10.3　小型風車的設計、運轉參數與葉片半徑的關係

設計、運轉參數	半徑依存性
雷諾數(Re)	R
輸出功率	R^2
離心負荷	R^2
起動扭矩	R^3
葉片的慣性	R^5

10.2.2　小型風車使用系統[6][7]

　　風力發電大致區分為系統互連型和獨立電源型兩種。前者是大型風車與電力公司的配電系統互連運轉的，所以發電電力可以賣給電力公司，為了與系統互連需控制風車的轉速。另一方面，在沒有電的地方做為自給自足的電源設備運轉，發電機大多是不需要激磁的永久磁鐵式，

像法國的 Bernier 一樣把電容器裡的無效電力傳給感應發電機的激磁方式也有，發電電力通常儲蓄在電池中使用。以下以用途分類表示。

(1)　電池充電器

這是小型風力發電機最基本的用途，在戰前的美國中西部、戰後的北海道待開拓地區等廣為使用。現在在中國、蒙古、澳洲等地方也做為民生用途。還有在無線中繼站、氣象觀測所等電力傳達較不便的地方也有使用。基本的裝置構成如圖 10.8(a)所示。

(2)　直接負載供電

不使用電池，僅在有風的時候起動負載就好，基本的裝置構成如圖 10.8(b)所示。這個直接運轉系統不僅控制裝置，負載和風力發電機容量的平衡也很重要。

(3)　與內燃機結合運轉

為電池充電器發展而成的系統，為了確保無風時的電力，將柴油發電等後援電源併入，在離島和偏遠地區使用。通常設計成以風力發電及電池為主電源，柴油做為支援或尖峰支援電源。基本的裝置構成如圖 10.8(c)所示，但為了讓柴油引擎的效率最適當，應避免輕負載運轉，並進行全體的負載分配控制。

(4)　系統互連

以小型風力發電進行系統互連運轉在技術上雖然是可能的，但因為小型風車做為獨立電源用設計所以成本較高，在日本幾乎沒有這樣的例子。只是像太陽能電池一樣，一般住宅的系統互連普及，今後與小型風車的聯結也可以考慮。圖 10.8(d)顯示了基本的裝置構成。

10.2.3　小型風車應用現況 [6][7]

現在日本的小型風力發電系統，從市場販賣品到研究用的測試機，再加上業餘者的作品等有極多的風車，平成 9 年度的 NEDO 的調查報告書中刊載了以下的 34 件。

1)　電池充電器　　　　　19 件
2)　風力+太陽光整合　　　5 件
3)　直接負載　　　　　　 4 件

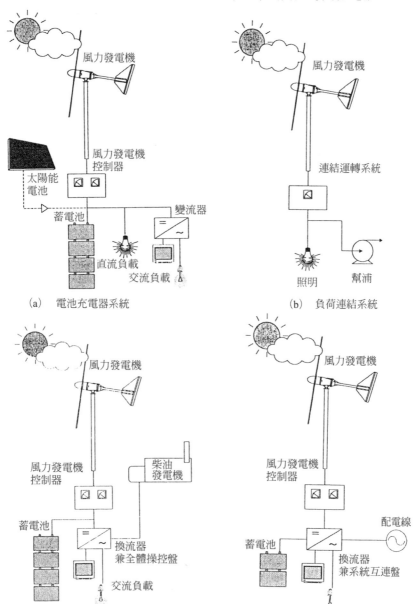

(a)	電池充電器系統
(b)	負荷連結系統
(c)	與內燃機關的連結系統
(d)	系統互連系統

圖 **10.8**　小型風車利用系統

　　4)　與內燃機的整合運轉　　　　2 件
　　5)　系統互連　　　　　　　　　4 件

此外，在平成 8 年筆者等所做的報告中有 202 件，另外同報告中記載 InterDomain 公司的販賣台數總計有 489 台。可以推測，現在日本的小型風車總數加上其他的輸入業者的實績有 2000 台以上。

10.2.4　小型風車使用上的問題

在這裡舉出足利工業大學的「風和光的廣場」，敘述 6 年中各種小型風車運轉經驗及從風車設置者聽來的使用上的問題。

美國製的 Whisper1000 風車為轉子直徑 2.7m 的木製 2 葉葉片、1kW 機型。保護葉片的防水皮膜壽命短，每年都必須重新塗裝。還有因為葉片旋轉頻率高，葉片前端摩耗需要替換。

荷蘭製的 LMW1003 風車為轉子直徑 3m 的木製 2 葉葉片、1kW 機型。發電機、葉片、橫搖控制尾翼等的重量大，橫搖控制軸的滑移軸承用鹽化塑膠製作，短時間內就會摩耗，旋轉軸與下緣直接接觸固定而不能橫搖控制，換成工程塑膠及旋轉軸內部用鉬潤滑後，恢復功能。

中國製的 FD2-7-150W 風車為轉子直徑 2m 的 FRP 製 2 葉葉片、150W 機型。這個風車有利用離心力的可變螺距機關，葉片內部內藏彈簧。這個可變螺距機關會腐蝕，彈簧也會劣化變成無法平順控制的狀態。整個可變螺距機關的中心軸與轉子有全體更換的必要。

英國製的 Wincharger－WG500&WG910 為轉子直徑 0.51m 和 0.91m 的樹脂製 6 葉葉片機型，為了在低風速也能旋轉，發電機集電環的電刷摩耗需要更換。

美國製 AIR303 為轉子直徑 1.14m 的樹脂製 3 葉葉片、智慧型的 300W 機型。在日本進口最多。這個風車由於會高速旋轉所以軸承的壽命為問題所在，足利工業大學使用一年內就發生問題，與別的同一機種交換，第二台則沒有故障順利運作。

足利工業大學製的桶形(Savonius)風車為直徑 0.8m × 高度 1.4m 的 FRP 製，通常在受風桶裡會貼上柔軟的太陽電池板，由於附著於風車下部的發電機(鏈條和鏈輪五倍增速)因振動兩次脫落修理。

　　足利工業大學製的風杯形風車是有四個直徑 1m 的風杯，沒有負載的實驗用模形風車，由於 4 個風杯為不鏽鋼製，重量大，在單邊固定狀態下持續旋轉，集電環摩耗需要替換。

第 11 章　風車和幫浦及熱能轉換

　　利用風的能源來抽水是跟製造麵粉並列為最古老的風力利用的方法。抽水及排水用的荷蘭風車從中世紀以來就可以說是荷蘭的景物。

　　現在，輕快的美國多翼形風車光在美國就有 15 萬台以上，用來在農場及牧場等抽水，至今也還存在數個有歷史的製造商。這種形式的風車在澳洲及阿根廷，或是中國也有製造。

　　本章將要介紹風車和抽水幫浦的組合，主要以現在最為普及的風車和活塞泵的組合進行詳細的說明。更進一步，針對未來可能發展的風能轉換為熱能的進展也舉實例說明。

11.1　幫浦的種類及特性 [1]

　　有多種幫浦被使用在抽水的應用上。風力抽水幫浦可以由風車轉子與幫浦間的動力傳達方式來分類。圖 11.1 為其中代表性的部分。

1) 活塞泵驅動方式

　　風車轉子與來回運動的活塞泵直接或是藉由齒輪箱進行機械式的結合。這是自古以來最為一般的形式，本書也主要對這種形式進行敘述。

2) 旋轉式幫浦驅動方式

　　風車轉子通過機械式的旋轉傳動機構，對離心幫浦或螺旋泵等旋轉式幫浦傳達動力，這些抽水機特別在低抽水長度、大流量的時候使用。

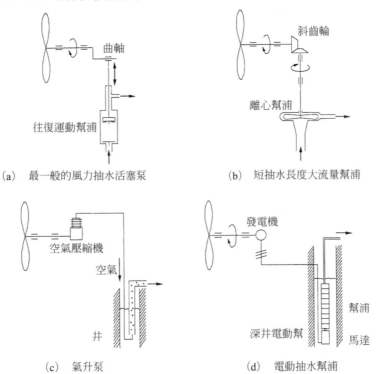

(a) 最一般的風力抽水活塞泵   (b) 短抽水長度大流量幫浦

(c) 氣升泵   (d) 電動抽水幫浦

圖 11.1　代表性的風力抽水系統

3)　空氣壓縮機驅動方式

　　利用風車驅動空氣壓縮機，產生的壓縮空氣導向由同心管組成的氣升泵的抽水方式。使用這個動力傳達機關，可以將風車設置在離井有一段距離的地方的優點，還有氣升泵在井中並沒有活塞泵的運動部分也可以說是一個特徵。

4)　電動幫浦驅動方式

　　中小規模的風力發電的電力輸出不與電力網連結，直接和電動幫浦連結抽水的方式。這種靠電力的動力傳達讓風車可以設置在離井較遠且風很強的地方。還有電動的深井抽水機可以用細長的管線，抽出機械式活塞泵不可能得到的大量的水。

上述使用在風力抽水幫浦的風車幾乎全部都是水平軸式風車。過去

也有數個將垂直軸桶形風車用在抽水上的研究，但由於風車重量重且低效率，單位抽水量的成本變高，與安全系統的組合很困難甚至不可能。欠缺安全性與信賴性，主要因為這兩個理由市場販賣的實用機並不存在。可是，作者等人認為此亦為開發中國家可適當使用技術的一環，從簡單的設計、低成本、當地材料的使用等設計觀念，來開發驅動低揚程、小流量泵的簡易桶形抽水風車及垂直軸帆翼式抽水風車。

另一方面，垂直軸的打蛋形風車在美國農務省的德州的未開墾森林地帶的實驗場中進行了如圖 11.2 所示系統的田野試驗，但由於風車的起動需要別的動力以及風車與幫浦的整合問題等，抽水系統是不適當且不實用[2]。

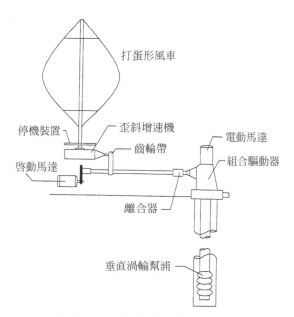

圖 11.2　打蛋形風車的抽水系統

11.2　風車與幫浦的組合[1]

考慮到風車和幫浦的組合的時候，雖然選擇大型幫浦就可以得到大

量的抽水量，但運轉率低，風車會再三停止。相反的，選擇小型幫浦的話可以提高運轉率，但抽水量就會減少。因此，為了整合幫浦與風車，必須綜合分析抽水量與運轉率。

風車與活塞泵的相互作用如圖 11.3(a)及(b)所示。這些圖是一般風車特性圖表中最重要的，包括扭矩－轉速特性和功率－轉速特性。圖中係由無次元參數扭矩係數 C_Q 和功率係數 C_P 表示，圖中的虛線表示了風車轉子的最大動力軌跡。圖 11.3(a)的扭矩－轉速特性為二次方曲線，圖 11.3(b)的功率－轉速特性為三次方曲線。

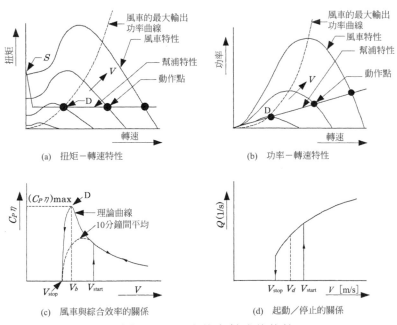

圖 11.3　風力抽水幫浦的特性

風車有①固定周速比、②固定轉速、③固定扭矩等不同的運轉模式。如圖 11.3(a)(b)所示風車的扭矩及動力特性，固定周速比的運轉模式表示因應風速變化旋轉速率，這個運轉模式的風車轉子沿著最大功率係數的線運轉時是最有效率的。另一方面，活塞泵式抽水機，由於是扭矩固定的裝置，風車轉子的扭矩特性和抽水機的負載間的整合性較差，從風得

到的動力大多數無法利用，特別是在高風速側十分顯著。風車只有在風速 V_d 的時候可以以最大功率係數運轉，抽水機在 D 點橫切過最大功率的軌跡。這在圖 11.3(c) 的風速和綜合效率(ηC_P)的特性圖中可看出。還有圖 11.3(d) 表示了風速和抽水量的關係。

　　一般來說，從低風速到高風速，為了在風速變化的情況下仍持續維持最大效率，從風車取出機械式的能源，最理想的狀況是負載扭矩擁有風車轉速的二次方的特性(功率為轉速的 3 次方的特性)。

11.2.1　抽水性能

　　月間或年間的平均抽水量為評價抽水機性能的最重要指標。由於供水的需要每月變化，所以有使用平均的月水需要量的必要。

　　為了推定抽水所需的動力，由於隨著季節的不同風速也不同，月間的風速也不同，首先必須決定基準月份。決定抽水系統設計點的基準月應該為對於風力資源供水需求最大的月份，一般是月間平均風速最低的月份。

　　水力學的基本關係式為

$$P_h = \gamma QH = 9810QH \tag{11.1}$$

　　在這裡，γ：$\gamma = \rho g$　水的比重(9810 N/m³)

　　　　　　　ρ 為水的密度，g 為重力加速度

　　　　Q：流量　[m³/s]

　　　　H：速度水頭或總抽水揚程　[m]

　　這個總抽水揚程 H 包含水的深度(靜水頭)，還有在深掘井中包含所有的水管的磨擦損失及流出壓力。

　　抽水系統的功率係數是抽水功率除以風車的系統功率而得。

　　　　η＝抽水功率/風車系統的功率

　　根據(5.1)式，風車系統的動力可從下式得出。

$$P_W = \eta \frac{1}{2} \rho A V^3$$

　　在這裡，η 為風力抽水系統的效率，由轉子效率、傳達機構效率、幫浦效率、管線的磨擦損失構成。綜合效率則由弦長周長比、風速、運轉模式（固定扭矩、可變轉速、固定周速比）、幫浦種類等函數構成，這

個平均效率一般可經由實驗測定。

　　對於農場用的美國多翼風車，η 的平均值為 5～6%，發電驅動電動抽水機約為 12～15%。

　　根據平均風速推定風車轉子尺寸的方法如下：

　　風力抽水系統中，為了讓抽水用的動力上昇，風車必須要供給動力，因此

$$9810QH= 0.5\eta\rho V^3\pi R^2 \tag{11.2}$$

　　在這裡，空氣平均密度為 $\rho=1.2$ kg/m^3，但在平均氣溫高或是高度高的時候，這個數值會稍小一些。例如高度每升高 1000m，將會減少約 0.1。風速變化的時候，由於 ΣV^3 的平均將會變得比平均風速的 3 次方大，將 V^3 用 $2(V_{ave})^3$ 取代。

　　對於農場用美國多翼風車 $\eta = 0.05$，如圖 11.4 所示風力發電－電動幫浦系統則 $\eta = 0.12$。

圖 11.4　風力發電－抽水系統

因為農場用多翼風車的平均效率為 $\eta = 0.05$，

$$9810QH = 0.5\eta\rho V^3 \pi R^2 = 0.19(V_{ave})^3 R^2$$

如果 QH 為 $m^3 \cdot m/day(m^4/day)$，$1day=86400(=60 \times 60 \times 24)[s]$，所以上式會變成。

$$0.6QH = (V_{ave})^3 R^2 \tag{11.3}$$

另一方面，風力發電－電動幫浦系統的平均效率為 $\eta=0.12$，所以

$$1.4QH = (V_{ave})^3 R^2 \tag{11.4}$$

由於風車製造商製造不同尺寸的風車，一般而言會選擇適合最低風速月份的水需求量的尺寸的風車。

[例題 11.1]

設計月份的平均風速為 3.5 m/s，總抽水高度 $H=25m$，抽水需要 1 天為 $15m^3$ 的時候，請求出風車的轉子尺寸。

[解]

根據(9.3)式

$$0.6QH = (V_{ave})^3 R^2$$

將數值代入此式，

$$R^2 = 0.6(15)(25)/(3.5)^3 = 225/42.3 = 5.3$$

$$\therefore R = \sqrt{5.3} = 2.3$$

因此為了得到這個抽水量，必須要半徑 $R=2.3$ m（直徑 4.6 m）以上的風車。可從市售的風車目錄中，選擇風車轉子直徑 4.6m 以上且滿足必要的抽水性能的風機。

11.2.2　抽水系統的簡易推算法

根據經驗法則，以任意地點的平均風速為基礎，能夠簡單推測出對抽水可有效利用的平均動力。首先要先得知間或年間的平均風速 V，接著用受風面積 A 的風車該期間內的有效平均動力可以用下式求出。

$$P_h = 0.1AV^3 \quad [W]$$

每單位面積的話則為。

$$P_h / A = 0.1V^3 \quad [W/m^2]$$

以這個簡單的經驗法則 $P_h = 0.1AV^3$ 為基礎，一直徑 D 的風車在月間

或年間平均風速 *V* 的地點運轉時,可以得到多少的抽水量呢?用圖式的簡單推算法如圖 11.5 所示。

　　例如,在風速 3 m/s 的地點設置直徑 6 m 的風車,抽水高度假設為 5 m,則每秒可以得到 1.1 ℓ 的水。

　　還有,地點的平均風速和必要的抽水量為已知條件時,風車的直徑尺寸為何呢?這時候也能利用圖 11.5 來求得。

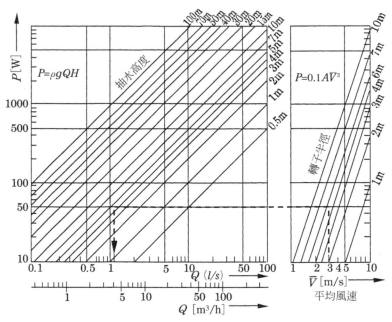

圖 11.5　風力抽水系統的簡單推算用圖表

11.3　風力的熱能轉換[3]

　　伊索寓言中,北風讓旅人脫去披風失敗的故事很有名,但若能將寒冷季節中在寒冷地方所吹拂的強風能源轉換成熱量的話,應該就能使人們脫去披風了。

　　在日本,一般而言太陽能在夏天較強,風能在冬天寒冷時期較強,

還有從地理上來看，愈往北走風能愈強，往南走則愈來愈弱。

　　這樣的傾向不只在日本，地球其他相對位置也都通用。從季節來看冬季會有較強的季節風，這是已知的。也就是，在緯度高寒冷地區的冬季吹拂強風，這與暖器或加溫等熱能需求一致。也就是說，如果能將冬季的風能轉換成熱能的話將是件十分便利的事。

11.3.1　風車運轉的最佳條件

　　至今說明了各種風車的特性，為了讓風車獲得最大功率係數，風車必須在一定的風速與轉速比下運轉，此時風車的扭矩為風速的 2 次方比例。另一方面，由於功率為角速度與扭矩的乘積，因此風車功率為風速的 3 次方。

　　考慮到風車與負載的整合條件時，一般而言風車的負載（扭矩）愈小轉速愈快，負載（扭矩）愈大轉速就愈慢，因此要讓負載的大小適當，也就是必要讓周速比的數值大小適當。如此決定了風速後，對應的最適當扭矩負載也可以決定，為了讓運轉狀況在風速改變的情況下也能保持在最佳狀態，必須配合風速調整扭矩負載。為此，在某風速下一旦調整了最佳負載扭矩，負載扭矩會自動隨風速的 2 次方變化。也就是攪拌機、壓縮機或油壓抽水機等風車驅動裝置，不管風速的大小，均能與風速保持同等比例的速度旋轉，就能在動力係數最大的狀態下運轉了。

11.3.2　風能熱轉換方式及特徵

　　對於像風力一樣變動大的能量來說，能源的儲備是不可欠缺的，但若將風能轉換成熱能的話，就能像儲水槽一樣的安全且低價。另一方面，能源需要的內容主要在暖器、送水等，熱量的需求佔的比例較高。

　　風力熱轉換的另外一個優點是，如同熱力學第二法則所示，從其他形式的能量轉換成熱能的變換效率為 100%，變換效率很高。也就是說，風力熱轉換的優點有能源儲藏容易和沒有能源變換損失這兩點。

　　因此，若利用目的為熱能的時候，不要先轉換成電力再轉換成熱能，從風力直接轉換成熱能的話中途不會有能量損失，為高效率的系統，所以可以說風力的直接熱轉換是有利的。

將風力直接轉換成熱能的方法有下列幾項，各有其特徵及問題。

1) 固體與固體摩擦的方式
2) 固體與液體摩擦的方式
3) 氣體與氣體或氣體與固體摩擦的方式
4) 油壓幫浦與圓形孔口組合的方式
5) 利用渦電流的方式

首先 1)方式如圖 11.6(a)所示，風車驅動煞車盤與煞車鼓磨擦，磨擦面所產生的摩擦熱用水等流體吸收利用。這種方式的優點是低速旋轉也能吸收大扭矩，所以不必增速也能和負載直接連結。另一方面，由於磨擦面會磨損，所以保養是必要的。運送磨擦面熱能的流體系統如果故障了，可能會導致燒毀等意外。還有煞車鼓會因為磨損、發熱等條件變化容易變得不安定等缺點。

2)的方式如圖 11.6(b)所示，附有阻擋板的軸心在液體中旋轉攪拌流體。這與求熱功當量焦耳的古典實驗裝置為同一原理。這個方式跟 1)的方式比較起來不需要擔心磨損及燒毀問題。由於扭矩－轉速 2 次方特性的特徵，低速時無法得到充分扭矩，因此需要加速的狀況很多。還有雖然扭矩為轉速的二次方，但在高速的情況下流體會從固體剝離，有因為空蝕(cavitation)造成的浸蝕的顧慮，因此有轉速範圍不能太廣的缺點。這個方法經過多次測試，有攪拌槽使用方式，攪拌流體用另外的離心抽水機強致循環等方式。圖 11.6(c)為增速離心抽水機，藉由出口管線的管線磨擦讓水溫上升，這可以看做是流體攪拌方式的變形。

3)的方式是利用空氣的絕熱壓縮，或是利用氣體和固體摩擦的方式等。小規模的有活塞式壓縮機，大規模的則有渦式壓縮機，由於有產生噪音及負載控制等問題，渦式壓縮機需要增速機。圖 11.6(d)為低壓送風機式熱轉換裝置的例子。

4)的方式即是所謂的液體與液體摩擦的方式，可以說是簡單且合理的方法。如圖 11.6(e)所示，用風車驅動固定容量型的油壓抽水機，由於油壓抽水機即使低速也能吸收大扭矩，所以可以直接連結驅動。首先經由風車將風能轉換成機械能，接著再將機械能用油壓抽水機轉換成壓力能源。再進一步將壓力能源用圓形孔口(薄圓盤的中央挖個小洞狀的東西)

轉換成動能，在其出口流路將動能轉換成熱能。此時由於油壓抽水機的
負載扭矩也是迴轉速率的二次方，所以有跟風車的整合性佳的特徵。這
個方式在國內外都有數個實用例子。

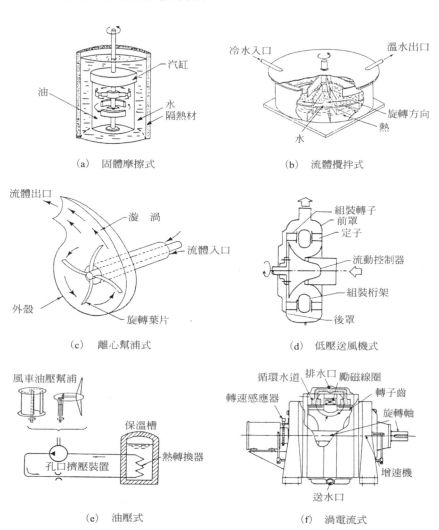

圖 **11.6**　各種的熱轉換方式

　　5)的方式跟剛才所說得機械性的熱轉換方式不同，是利用渦電流的方式。如圖 11.6(f)所示，藉由流過勵磁線圈的微小電流被勵磁的磁場中，由於轉子齒的旋轉，會引起磁束的脈動形成渦電流。渦電流對轉子產生旋轉抵抗，吸收動力在外部回收。這種負載控制(旋轉控制)反應很好，擁有對風車轉子的旋轉控制能精確進行的優點。

11.3.3　風能熱轉換的實例

日本風力發電的開發、利用與歐美的風力先進國相比大幅遲緩，但從 1980 年左右開始風力熱轉換部分已經是世界中最先進的。介紹各地的實例及海外的例子。

1) 在北海道的農業試驗場，作為農林水產省的綠色能源計畫的一環，1980 年度開始進行用風力熱轉換系統加溫溫室的研究。在高 25m 的塔上設置直徑 4m 的螺旋槳型風車和油壓式熱轉換系統，得出風力發熱的平均效率為 35.5%，接著在 1981 年度進行轉子直徑 10m、出力 20kW 的 2 號機的試作，進入了實證試驗，綜合效率為 35～45%。

2) 在北海道的濱頓別町，作為 1982 年度北海道市町村地區能源開發振興事業的一環，在町營國民宿舍「北鄂霍次克莊」設置了風力熱轉換系統。為「只要吹風就能燒熱洗澡水」的世界無雙的特殊設施。風車的轉子直徑為 10m，出力 20kW，使用油壓熱轉換系統。

3) 作為 1980～1981 年度工商產業省資源能源廳的地區能源開發利用模範事業，在青森縣西津輕郡車力村進行「藉由風車及稻草燃燒的熱供給系統加溫溫室的模範事業」本系統使用了兩具垂直軸的直線翼風車(出力 8kW)，結合桶形風車來起動，熱轉換採用油壓式。

4) 科學技術廳持續「風之烏托邦計畫」1980 年度開始實施兩期 6 年的「關於風力－熱能利用技術的特定綜合研究」，1985 年度 12 月以後，在秋田縣大潟村進行實證試驗。這是利用「水素吸藏金屬」進行熱能儲藏的舉世無雙的風力熱轉換、儲藏系統。

風車直徑 14m、出力 20kW，最高效率 45%，熱轉換用空氣壓縮機的斷熱壓縮得到 170° 的高溫空氣。儲熱系統的「氫吸收藏金屬」使用鐵-鈦-氧合金，儲熱器中充入 2.4t 這種金屬，熱效率 70% 以上，得到供給熱量 53000kcal。

5) 靜岡縣農業水產部水產課在 1980 年度到 1982 年度間，在該縣龍洋町的日本養鰻魚業協會的養鰻池中，設置了如圖 11.7 的風力熱變換系統，開發將風力熱轉換所造成的溫水應用在養鰻業。圖 11.8 的風車為三葉的螺旋槳型，直徑 15m，發熱裝置當初使用水攪拌式，但由於對於急遽的風速變動的應變性有問題，有難以旋轉控制的狀況，所以中途換成渦電流式。額定功率 25kW(8 m/s)，最大功率 70kW(20 m/s)。溫水槽的容量 2m³ 兩個，加溫面積 100m² 水深 50cm 的養殖池，風力加溫的貢獻率平均為 48%，相當於每天節約石油 50ℓ。

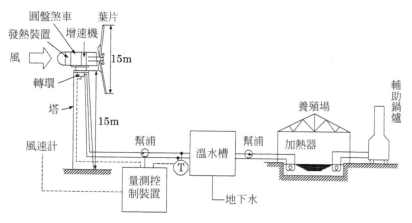

圖 11.7　風力熱利用於養鰻池加溫系統

6) 石川縣沙丘地農業實驗場，檢討了風力熱變換系統的房子利用，1982 年初正式進入實用化試驗階段。這個系統藉由裝在高 15m 的塔上直徑 6m 的雙葉風車，驅動水攪拌式的熱轉換裝置，將水槽內的水溫提高 50°，再送到埋設在地下 40cm 的管線試圖提高地溫。

圖 11.8　風力熱轉換用風車

7) 島根大學農學部附屬農場的園藝設施，從 1980 年度開始，用轉子直徑 15m 的三葉風車驅動離心力煞車板式固體摩擦熱轉換裝置，現在換成油壓式的繼續運轉。

8) 將目光移到海外，在高緯度的北歐等地可以看到數個風力熱轉換的例子。丹麥日德蘭半島西北部的烏魯夫波爾古的澤濱學院在 1978 年完成了直徑 54m、出力 2000kW 的史上最大手工風車。由於用風力發電產生的電力多少會循環還有電壓的變動，作為「中質電源」，將其 80%用在暖氣用溫水槽的加溫，剩下的 20%通過轉換器，作為「高質電源」與商用配電網連結。這個系統已經實際運轉了 20 年以上。同樣丹麥的斯基夫在 1976 年建設了「低能源房子」。使用受風面積 $25m^2$ 的直線翼垂直軸風車。在 $4m^3$ 的溫水儲藏水槽中，設有直徑 45cm 的水力煞車式熱轉換裝置，用此吸收風車的動力產生 2kW 的熱能。另外在芬蘭的拉彭蘭塔大學，1984 年開始作為溫式加溫及建築物暖氣

用，開發了直徑 40m 的直線翼垂直軸風車驅動油壓熱轉換裝置的系統。一年可以產生 200MWh 的熱量。

11.3.4　風能熱轉換的未來展望

像日本的北海道及北歐一樣位於高緯度，冬季時暖氣用能源消耗多，可稱為「北風暖氣」的風力熱轉換是極為有效的風力利用形態。

在無法改變自然條件的情況下，人類需要活用自然條件於生活中。風強的冬季與熱能需要的尖峰一致，從活用風的資源特性上也很方便，也能藉由儲熱讓風的變動平滑化。在風力熱轉換方面，日本達到世界最先進的階段。冬天季節風卓越的日本，溫室加溫、養魚場的加溫、畜舍的暖氣、建築物的暖器及供水、穀物及水產物的乾燥、發酵槽的加溫、道路及屋簷的融雪等，期待能在多方面實用化。

第 12 章　風車對環境的衝擊

　　根據風況調查的結果，對於有設置風力發電機可能性地點，經過概略的經濟性檢討決定設置後，便開始進行風車設置地點及風車規模的基本設計。

　　基本設計的順序如下。

1)　決定風車設置地點
2)　風車規模（容量、台數、配置）
3)　選定機種
4)　環境影響評估
5)　經濟性的影響

　　對於選定的地點、風車規模以及機種，在無法滿足環境影響評估及經濟性的檢討結果時，就重新調整設定條件。本章介紹設置風力發電設備時最重要的環境影響評估課題。關於風車設置的環境影響評估應該執行的主要項目有噪音、電磁干擾、景觀等。詳細內容以 NEDO 作成的風況調查指南來說明[1]。

12.1　噪音[1][2]

　　風車所造成的噪音有葉片回轉時的風切音和增速機等造成的機械音。

　　圖 12.1 中顯示造成風切音的轉子葉片周圍的氣流狀況。

　　圖 12.2 中顯示大型風車引擎艙各組成元件對噪音的影響。小型風車的噪音幾乎均為葉片的風切音，由於轉子多與發電機直接連結，所以幾

乎沒有引擎艙傳來的噪音。

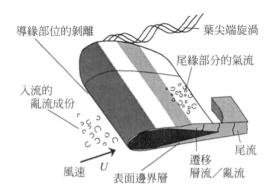

圖 12.1 轉子葉片周圍的氣流

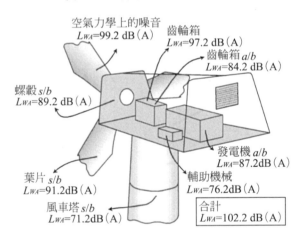

圖 12.2 大型風車引擎艙各部位的噪音等級

　　如圖 12.3 所示，風車轉子在塔的迎風側旋轉的迎風形式和在塔的背風側旋轉的背風形式噪音等級不同。以後者來說，因為轉子在塔後部的渦流中旋轉，所以噪音必然地較大。

　　不同機種的風車噪音等級不同。圖 12.4 顯示，一般只要距離風車約 200m 會減低 43dB，最低也必須確保這樣的距離。

　　關於風車的噪音，由於日本還沒有訂立基準值，所以延用「與噪音

有關的環境基準」作為評估風車噪音的基準是妥當的。藉此對風車設置後的噪音等級的預測結果是否滿足環境基準進行評估。

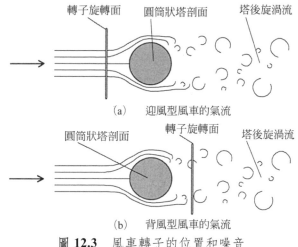

圖 **12.3**　風車轉子的位置和噪音

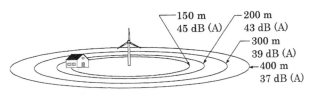

圖 **12.4**　風車的噪音等級

　　噪音的測定地點，選擇在風車設定預定地為中心約 500m 以內地域，以 JISZ8731 所定的噪音等級測定方法或是與此相當的方法進行。

　　根據「與噪音有關的環境基準」，療養設施等特別需要安穩的地區，白天定在 45dB 以下，早上、傍晚為 40dB 以下，夜間則在 45dB 以下。

12.2　電磁干擾[1]

　　風車塔和引擎艙為金屬材質，還有在葉片表面或是內部有使用金屬接合材料的時候有產生電磁干擾的可能性。因此事先調查電波的路線，避開其設置是必要的，像是有電視台、電話局、自衛隊、海上保安廳、漁業無線中繼基地等。

　　風車設置的地點可能產生的電磁干擾中，最一般的生活環境上的問題是電磁干擾，如圖 12.5 所示，根據發信地點、風車地點、收訊地點的位置關係及風車規模等變化。

　　關於這個問題，日本 CATV 技術協會(社)調查業務的會員公司，因為在 NHK 的指導與承認下進行關於電磁干擾的調查及預測，所以事先進行協議，設定出反射區域和隔絕區域中不包含居住地區的地點是必要的。

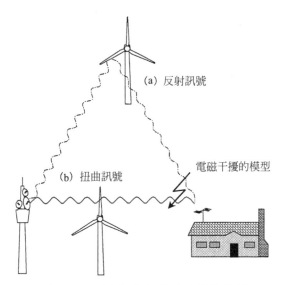

圖 12.5　風車造成電磁干擾的模型

12.3　今後的展望

　　21 世紀也被稱為環境的世紀，為了實現永續經營的社會，應用風力發電等對環境負荷小且可再生的能源可以說是不可欠缺的。歐洲風力能源協會(EWEC)在 2002 年發表了「Wind Force 12」是個內容為「在 2020

年以前設置超越 90 萬台的 MW 級大型風車，世界電力的 12%用風力發電提供」的宏大的計畫。

在日本，以在 2010 年前達到 300 萬 kW 為目標積極地應用風力發電，但目前在日本所設置的風車大多為丹麥、德國或荷蘭等的進口風車。接下來應該不是基本設計概念不同的進口風車，而是符合日本風況、複雜地形、電力系統、社會基礎、信賴性高、生產性高的革新日本型風力發電系統。藉此讓運轉故障減少，設備使用率提高，同時得到大幅年間發電量，也能大幅削減發電成本。

以前日本風力發電技術位於底層地位，大多利用丹麥等為中心的海外技術，IEC 風力技術基準的源頭也是丹麥等的基準。這是最重要的基礎研究，但日本卻沒有獨自實施，並沒有孕育支持先進風車技術的基礎工業，因此真正值得誇耀的風車技術在國內僅存在一點點，這可以說是現狀。

可是，試著跟年輕人談談，可以發現對未來抱著很大的夢想，想要進行風車研究，想要進入風車產業的人很多。克服日本嚴酷的外部條件，應該讓風車工業開花結果誇耀全世界，這些風車在世界各地運轉的日子近了。

附　錄

A-1 名詞說明　(　)內為英文,《　》內為慣用句

- **AC 連結方式**(AC link system)
  交流電力系統互連的風力發電裝置中,將發電機產生的交流電直接連結到電力系統的方式。

- **DC 連結方式**(DC link system)
  在與交流電力系統互連的風力發電裝置中,將直流電轉換成交流電後連結的方式。《AC-DC-AC 連結方式》

- **MTBF**,平均故障間隔(mean time between failure)
  故障與故障之間正常運作時間的平均值。
  ＊備考:某特定期間的 MTBF 為該期間內的總運作時間除以總故障次數所得的值。

- **10 分鐘平均風速**(10 minutes average wind speed)
  10 分鐘間的平均風速(某時刻的平均風速通常取整點前 10 分鐘的平均值)

- **空轉**(idling)
  沒有產生電力,風力渦輪低速旋轉的狀態。

- **迎風(型)** (up wind)
  轉子旋轉面在塔的迎風側的水平軸風車形式。

- **安全使用年限**(safe life)
  發生重大意外的機率之後的使用年限。

- **微動裝置**(inching system)
  手動或自動讓風車轉子一點一點旋轉的裝置。

· 風況圖(wind atlas, wind energy map)

表示某段期間（月、季節、年等）的平均風速、風力能源密度(W/m^2)等的地域分佈地圖。　《風況地圖》

· 風切(wind shear)

風速在垂直或水平方向的變化。

＊備考：在地表層表示垂直方向的風速變化。

· 風切指數(wind shear exponent)

參考風剖面、風切法則。

· 風切指數法則(power law for wind shear)

參考風剖面、風切法則。

· 風切對數法則(logarithmic wind shear law)

參考風剖面、風切法則。

· 風力發電場(wind farm)

一般指多座的風力發電裝置。　《風車群》

· 風剖面, 風切法則(wind profile, wind shear law)

風速的垂直方向分佈，在數學的表現上，常使用對數法則及指數法則。

對數法則：$V(z) = V(z_r)\ln(z/z_0)/\ln(z_r/z_0)$

指數法則：$V(z) = V(z_r)(z/z_r)^\alpha$

其中，

$V(z)$：高度 z 的風速　　z：地上高度

z_r ：對應風剖面的基準地上高度

z_0 ：粗糙係數　　　　　$\ln$：自然對數

α ：指數法則的指數《風速的高度分佈》

· 大型風車(large wind turbine)

額定發電量 500kW 以上的風車。

· 聲壓度(sound pressure level)

聲音聲壓實效值的二次方和基準的聲壓($20\mu Pa$)的二次方的比的對數的 10 倍。

· 音響基準風速(acoustic reference wind speed)

粗糙係數 0.05m、高度 10m、8m/s 的風速，用來計算音響等級。

- 可用風能(available wind energy)

  考慮某個地區風能利用的種種限制因素，可以做為能源開發利用的量。

- 負荷條件(load case)

  加諸於風力發電系統的負荷，由設計條件及外部條件等綜合考量決定。

- 過轉速(overspeed)

  比額定速度或規定速度快的旋轉速度。過度旋轉。

- 停止風速(cut-out wind speed)

  使風車可以產生動力的螺轂高度位置之最大風速。

- 起動風速(cut-in wind speed)

  使風車可以產生動力的螺轂高度位置之最小風速。

- 可變螺距(variable pitch)

  螺距角可變的螺旋槳形風車的轉子形式。

- 環境影響評估(environmental impact assessment)

  分析對自然環境所造成的正面及負面影響，針對負面影響找出問題點
  及對策進行評估的方法。　《EIA 法》

- 基準粗糙長度(reference roughness length)

  0.05m。用來換算風速的基準狀態。

- 基準高度(reference height (above the ground))

  通常是地上 10m，關於空氣密度使用海平面高度。

- 基準風速(reference wind speed)

  作為定義風車等級的基準，為極值風速。

  ＊備考：在基準風速 V_{ref} 等級下設計的風車，可以承受螺轂高度、50
  年迴歸期的最大值 10 分鐘平均風速 V_{ref} 以下的氣象。

- 極值風速(extreme wind speed)

  t 秒內的最大平均風速，在 T 年內(迴歸期：T 年)出現過的風速。迴歸
  期為 T=50 年或 T=1 年，平均時間則為 t=3 秒或 t=10 分。一般而言，
  會使用定義稍為模糊的可耐風速這樣的用語。在這個規格下，設計風
  車的使用設計負荷條件時用極值風速。

- 緊急停止(emergency shutdown)

利用保護系統或是手動操作緊急停止風力發電裝置。

· **系統互連**(interconnection)

風力發電裝置和商用電力系統的互連。

· **高次諧波干涉**(higher harmonic interference)

電力變換裝置使電力系統產生比商用高的頻率，對通信等造成干擾。

· **阻力型風車**(drag type wind turbine)

利用對葉片造成的阻力驅動的風車。

· **小型風車**(small wind turbine)

轉子的受風面積未滿 $200m^2$ 的風車。

· **固定螺距**(fixed pitch)

螺距角固定的螺旋槳型風車的轉子形式。

· **最大輸出能量**(maximum power)

風車在正常運轉狀態下所產生的實質輸出能量的最大值。

· **最大瞬間風速**(maximum instantaneous wind speed)

特定時間、期間中的瞬間風速的最大值。通常的測量時間取 0.1～數 10 秒間平均值的最大值。

· **最大風速**(peak wind speed, maximum wind speed)

某期間內（小時、日、月、年等）的最大的風速。(通常取 10 分鐘時間的平均值)

· **桶形風車**(Savonius wind turbine)

半圓筒狀的葉片相對離心組合而成的垂直軸式風車。

· **失速控制**(stall control)

利用發生在葉片上的失速現象的動力控制方式。

· **失速顫振**(stall flutter)

氣流不安定現象(失速)為起因的葉片振動現象。

· **周速比**(tip speed ratio)

葉片尖端的速度與風速的比。　《TSR》

· **輸出功率**(output power)

風力發電裝置產生的電力輸出。

· 動力曲線(power curve)

橫軸為風速,縱軸為風車輸出動力,表示兩者的函數關係的曲線或測定的數據。

· 功率係數(power coefficient)

單位時間內風力發電裝置的實質輸出動力與通過轉子受風面積自由氣流動能的比。　《Cp》

· 受風面積(swept area)

轉子葉片迴轉的軌跡投影於垂直風向的平面的面積。

· 音調(tonality)

純音和包含純音的臨界區內的掩蔽音間的等級差。

＊備考:用以判斷是否能聽到純音。

· 瞬間風速(instantaneous wind speed)

時時刻刻變化的風速的瞬間數值。

· 衝擊性(impulsivity)

塔周邊的亂流干涉葉片時發出持續的、時間極短的聲音特質。《thumping》

· 自由運轉(autonomous operation of power system)

風力發電裝置不與電力系統互連單獨運轉的狀態。

· 垂直軸式風車(vertical axis wind turbine)

轉子的旋轉軸垂直於風向的風車。

· 水平軸式風車(horizontal axis wind turbine)

轉子的旋轉軸幾乎水平的風車。

· 設計負荷條件(design load case)

在設計風力發電裝置時,考慮外部運轉條件及故障、輸送、建設、保養等的設計負荷條件。

· 設計界限(design limits)

設計時使用的最大值及最小值。

· 設計條件(design situation)

發電、停機等風車運轉的可能模式

· (設備)使用率(capacity factor)

某期間內風車總發電量與同期間內假定以額定輸出功率運轉產生的發電量的比。

- 前方風速(undisturbed wind speed, free-stream speed)
  流入風車轉子前方的風。

- 噪音（風車的）(acoustic noise)
  葉片造成的風切音或是引擎艙的機械音等令人不悅的聲音。

- 噪音測定技術(acoustic noise measurement techniques)
  測定風車產生噪音的技術。

- 加速裝置(speed increasing system)
  增加輸入軸的旋轉速度傳達動力給輸出軸的裝置。

- 粗糙長度(roughness length)
  在風速的高度分佈遵守對數法則的情況下，平均風速為零的外推高度。
  《粗糙常數，粗糙係數》

- 軟起動(soft-start)
  a) 感應發電機直接與電力系統互連的風力發電裝置，抑制與系統聯接時的湧入電流。
  b) 在使用逆轉換裝置的風力發電裝置，為了防止開始發電時急遽的輸出動力進行控制

- 弦周比(solidity)
  垂直於葉片風向的投影面積與受風面積的比例。

- 可耐風速(survival wind speed)
  結構體被設計時可承受的最大風速。在設計條件方面使用極值風速。

- 背風(形)(down wind)
  轉子的旋轉面在塔的下風側的水平軸式風車形式。

- 高度校正(height calibration)
  隨著高度變化的物理量（風速及密度等），隨高度換算成的數值。

- 多翼形風車(multi - bladed windturbine)
  多葉葉片的水平軸式風車。

- 打蛋形風車(Darrieus wind turbine)

利用張力吸收葉片的離心力，擁有圓弧狀葉片的升力型垂直軸式風車。

· 塔(tower)

為了支撐風車轉子、動力傳動裝置、發電機等位於適當的高度的建築。

· 單獨運轉(islanding)

脫離電力網後，分離的一部分安定且暫時地運轉。

· 直接驅動式風車(direct drive turbine)

轉子主軸直接驅動發電機的風車（沒有加減速裝置）。

· 縱搖螺轂(teetered hub)

會縱向搖擺的螺轂形式。

· 縱搖(teetering)

容許旋轉軸偏離垂直的平面，將轉子藉由彈性物支撐。

· 額定速度(rated speed)

產生額定輸出動力的風車轉子速度。

· 額定風速(rated wind speed)

風車產生額定輸出動力的螺轂高度的風速。

· 電磁干擾(electromagnetic interference)

葉片或塔反射電波，或是遮蔽對通信等造成干擾。

· 電力系統(utility grid)

由發電站、變電所、負載所連結的電力網路，負責輸送電力的電力設備網。　《power network》

· 同步發電機(synchronous generator)

在穩定運轉狀態，以同步速度旋轉的交流發電機。擁有勵磁裝置等，可以單獨運轉且可獨自發電。

· 動力傳動軸(transmission axis)

將風車轉子得到的動力傳達到加速裝置的軸。

· 陣風(gust)

風速的瞬間變化，其開始時間、振幅及持續時間為特徵。

· 陣風率(gust factor)

某測定時間內的最大瞬間風速 μ_{max} 與同時間的平均風速 μ_m 的比($G = \mu_{max}/\mu_m$)。

· **鳥議題**(bird life, avian issue)
旋轉中的葉片等對鳥類的影響。

· **引擎艙**(nacelle)
水平軸式風車，配置在塔上部，容納動力傳達裝置、發電機、控制裝置等的機艙。

· **年間發電量**(annual energy production, annual electrical power output)
風力發電裝置 1 年內的發電量。推測值可以以實測的動力曲線及螺轂高度的風速出現頻率分佈為基礎，假設 100%的使用來計算。

· **年平均**(annual average)
長年累積充足的測定數據平均所得的值，可以推測測定對象的期待值。為了平均季節差等非穩定效果，以一年的值來平均。

· **年平均風速**(annual average wind speed)
依年平均用語定義來平均風速。

· **年平均風能**(annual average wind energy, annual mean wind energy)
1 年間風能的平均值。

· **停機**(parking)
正常停止後的風車狀態。

· **齒輪裝置**(gear system)
使用齒輪傳達動力，或是加速傳達動力的裝置。

· **發電機**(generator)
接收機械動力（風車轉子的扭矩）產生電力的旋轉機械。

· **發電機超載**(generator over load)
發電機輸出動力超過額定或是規定輸出。

· **螺轂**(hub)
將葉片零件組合在轉軸上的部分。

· **螺轂高度**(hub height)
風車轉子中心的地上高度。垂直軸打蛋形風車則為赤道面的高度。

· **螺距角**(pitch angle)

翼弦和轉子迴轉面形成的角度。

- **螺距控制裝置**(pitch control system)

  為控制風車的旋轉及動力輸出，改變葉片的螺距角的裝置。

- **標準化風速**(standardized wind speed)

  使用對數法則粗糙長度 0.05m、高 10m 換算成的風速。

- **風速區間分類法**(method of bins)

  以每風速區間(bin)分類實驗數據的數據處理方法。以每區間為單位記錄樣本數和總合，計算平均值。

- **風向**(wind direction)

  風吹的方向。例如「北風就是從北方吹來的風」的意思。

- **風向頻率**(frequency distribution of wind direction)

  在某個地點的某段期間(月、年等)內各方位的風向的出現頻率。

- **風車**(wind turbine)

  有單一或多轉子的風車。

- **風車尾流**(wake)

  流入風車轉子後方的氣流。

- **(風車的)外部條件**(external conditions (for wind turbines))

  影響風車運轉的因素，由風的條件及其他氣象條件(雪、冰等)構成。

- **(風車的)停止**(shutdown (for wind turbines))

  風車在發電和靜止或是空轉的過渡狀態。

- **(風車的)煞車**(parking brake (for wind turbines))

  停止轉子運轉的煞車。

- **風車轉子**(wind turbine rotor)

  風車為了從風中吸收能量的旋轉部分，由葉片、螺轂、傳動軸等構成。

  《螺旋槳，風車》

- **風速**(wind speed)

  空氣移動的距離及所要時間的比(單位通常為 m/s)。

- **各風級的風向頻率**(frequency distribution of wind direction for each wind force scale)

  以某地某段期間內出現的風級為單位各方位的風向出現頻率。

· **風速度**(wind velocity)

風的速度向量。

· **風速分布**(wind speed distribution)

為機率分布函數，表示出某長時間內的風速分佈。通常使用的分佈函數為韋伯分布函數[$P_w(V_o)$] 及雷利分布函數[$P_R(V_o)$]。

韋伯分布函數： $P_w(V < V_o) = 1 - \exp\{-(V_0/c)^k\}$

雷利分布函數： $P_R(V < V_o) = 1 - \exp\{-\pi(V_0/2V_{ave})^2\}$

還有，

$$V_{ave} = c\Gamma(1 + 1/k)$$

$$V_{ave} = c\frac{\sqrt{\pi}}{2} \quad (k{=}2 \text{ 的時候})$$

在此，$P(V_0)$：累積機率函數

V_0　：風速(界限)

V_{ave}　：風速的平均值

c　：韋伯函數的尺度參數

k　：韋伯函數的形狀參數

Γ　：伽瑪函數

c 和 k 都是由實際數據產生，雷利函數在韋伯函數取 $k{=}2$ 時。$[P(V < V_1) - P(V < V_2)]$ 在界限 V_1 及 V_2 之間評估，表示風速在這個界線內占了多少比例。微分分佈函數，就能得到與之對應的機率密度函數。

· **風花圖**(wind rose)

某地某段期間內各方位的風向的出現頻率用放射狀的圖表表示。

· **風能資源量**(wind energy resources)

某個地區理論上可以計算出的風能資源量，不考慮種種限制因素（土地用途、利用技術等）。　《風能儲存量》

· **風能分佈**(wind energy distribution)

風能的地域性分佈。

· **風力發電裝置，WTGS(縮寫)**(wind turbine generator system)

將風的動能轉換成電能的裝置。　《風力發電設備，風力轉換裝置》

· **(風力發電裝置的)額定輸出功率**(rated power)

裝置在指定的運轉狀態下輸出能量的數值。一般由製造業者指定。

‧故障自動防護裝置(fail-safe system)

為了防止故障造成損害的設計裝置。

‧順流(feathering)

為了不產生旋轉的力，將葉片的螺距角與風向平行。

‧自由橫搖(free yaw)

轉子因空氣外力自由橫搖的控制方式（利用衰減力使之安定的控制法稱為衰減橫搖）

‧煞車裝置(brake, parking brake)

可以減緩風車轉子的旋轉速度，使之靜止的裝置。

‧葉片(blade)

風車的旋轉葉片（阻力型風車的葉片稱為槳葉）。

‧螺旋槳形風車(propeller type wind turbine)

有螺旋槳形轉子，旋轉軸與風向平行的風車。

‧平均風速(mean wind speed)

統計所定期間內風速的瞬間值平均而成。所定時間從數秒到數年都有。

＊備考：「平均風速」通常用來指月平均風速、年平均風速。

‧亂流尺度參數(turbulence scale parameter)

等效波長 0.05 的縱向頻譜密度。

＊備考：縱向頻譜密度為 IEC61400-1、ANNEX B 所定的無因次數。

‧感應發電機(induction generator asynchronous generator)

藉由定子與轉子的電磁感應作用產生電力的非同步機。

‧橫搖控制(yaw control)

改變風車旋轉面追隨風向的控制(有時候也會為了保護風車或控制輸出能量而控制方位)。　《方位控制》

‧橫搖控制裝置(yaw control system)

在任意的角度內控制風向與轉軸間的夾角裝置。

‧升力型風車(lift type wind turbine)

利用葉片升力來驅動的風車

‧亂流強度(turbulence intensity)

風速的標準差與平均風速的比。

· **剛螺轂**(rigid hub)

主軸和轉子剛性結合的螺轂形式。

· **可用性**(availability, on-wind availability, true availability)

在某段期間中,扣除因保養或故障的停止時間與全部時間的比。　《運轉率》

· **雷利分佈**(Rayleigh distribution)

參考風速分佈。

· **轉子轉速**(rotor speed)

風車轉子的旋轉速率(rpm)

· **阻礙裝置**(blocking)

使用栓等機構來停止風車轉子及橫搖的裝置。

· **轉子直徑**(rotor diameter)

風車轉子的直徑,在打蛋形風車的情況指赤道面的直徑。

· **轉軸**(rotor shaft (rotor axis))

風車轉子的軸(線)

· **韋伯分佈**(Weibull distribution)

參考風速分佈

A-2　風力資源預測軟體

　　近年來,世界各地應用風力發電盛行,風力發電廠的建設也熱烈進行,因此需要精準度更高的風況預測用程式。以過去氣象解析或大氣汙染解析用的電腦程式進行修改的占多數,代表性的有丹麥的 Risoe 國立研究所開發的 WAsP(Wind Atlas Analysis and Application Program《http://www.windatlas.dk, http://www.wasp.dk》)和美國 DOE(能源省)和 Aerovironment 公司所開發的 AVENUE 廣為所知。

　　其餘還有 Wind Pro (EMD-Denmark, 《emd@emd.dk》),WindFarm (ReSoft—UK) WindFarmer (Garrad Hassan and Partners—UK), Gen Turbine

(GEN-The Netherland, 《http://www.gen.nl.turbine》)等。

　　另外，日本也有 NEDO 在 2002 年開發的局部風況預測程式，但目前在電腦上操作仍屬困難。

A-3　風力相關的網站例

　　《http://www.windpower.dk》　丹麥風車製造組織 (Denmark Wind Turbine Manufactures Association)的官方網站，刊載有風力發電專門書籍，分量厚厚一本，相當好的資訊。

　　《http://www.poullacour.dk》　被稱為風力發電之父的丹麥保羅‧拉庫爾的資訊。

　　《http://www.btm.dk》　丹麥著名風力發電顧問 BTM 公司的資訊

　　《http://www.windmillworld.com/》　關於世界古今風車的詳細資訊

　　《http://www.windenergie.de》　德國風能協會的官方網站。

　　《http://ppd.jsf.or.jp/shinko/jwea》　日本風能協會的官方網站。

　　《http://www.nedo.go.jp》　新能源產業技術綜合開發機構(NEDO)的官方網站。

　　《http://www.nef.or.jp》　執行新能源的普及開發的新能源財團官方網站。

　　《http://www.tronic.co.jp》　日本風力發電的相關資訊網路。

　　《http://www02.so-net.ne.jp/~tornado/index.html》　風偵探團的官方網站。

　　《http://www.tokeidai.co.jp/kaze》　襟裳岬「風之館」的相關資訊。

　　《http://www.voicenet.co.jp/~tomamae/》　風力發電利用的苫前町的營造城鎮資訊。

　　《http://www.town.tachikawa.yamagata.jp/》　山形縣立川町的風力發電營造城鎮。

　　《http://www.pref.shizuoka.jp/kikaku/ki-04/tuusin/frame1.htm》　靜岡縣企業局的風車入門講座(松本文雄式作成)。

　　《http://sz.redbit.ne.jp/~windmill/stamps.htm》　山本昂氏的風車、水

車郵票收集。

　　《http://homepage1.nifty.com/cubo/wind/》　　WIND ROSE 網站的連結。

　　《http://www.geocities.co.jp/Technopolis/9661/》　　風車的力量網站的連結。

A-4　風力發電系統的標準化

　　(社)日本電機工業會接受經濟產業省的委託，進行了(財)日本規格協會的「新發電系統的標準化相關調查研究(太陽能發電、風力發電以及燃料電池發電系統等標準化的相關調查研究)」，風力發電系統由第 88 小委員會(筆者委員長)進行審議。經過 IEC(國際電力標準會議)的 TC-88(技術委員會，風力發電)的各領域 WG(工作會議)的審議，國際性承認的部分經由委員會的審議逐次 JIS(日本工業規格)化，由(財)日本規格協會作為 JIS 規格發行。

　　至 2001 年末，已經發行了以下文件。

　　JIS C 1400-0　風力發電系統　第 0 部—風力發電用語

　　JIS C 1400-1　風力發電系統　第 1 部—安全要件

　　JIS C 1400-2　風力發電系統　第 2 部—小型風力發電裝置的安全基準

　　JIS C 1400-11　　風力發電系統　　第 11 部—噪音測定方法

　　JIS C 1400-12　　風力發電系統　　第 12 部—風車的性能計測方法

今後也將持續發行 JIS 規格的風力發電各領域規格。

　　參考 Web Site　　《http://www.jema-net.or.jp/jisc1400/index.htm》

参考文献

第 1 章

(1) 松宮輝, 風力とガイアの未来, 太陽エネルギー, Vol.27,No.3,2001.

(2) 牛山泉, 風力発電の新世紀－洋上風力発電の現状と将来展望－, 海洋開発ニュース, Vol.29, No.6, 2001-11.

(3) 鈴木秀子, いのちの贈り物, 阪神大震災を乗り越えて, 中央公論社, 1996－1.

第 2 章

(1) J. D. Anderson, Jr., A History of Aerodynamics, Cambridge University Press, 1998.

(2) D. A. Spera(ed), Wind Turbine Technology, ASME Press, 1995.

(3) R.W. Righter, Wind Energy in America, A History, University of Oklahoma Press, 1996.

(4) 山崎俊雄, 木本忠昭, 電気の技術史, オーム社, 1992.

(5) 東　昭, 航空を科学する, 酬燈社, 1994.

(6) Using Wind for Clean Energy, The British Wind Energy Association, 1990.

(7) E. Rogier, Les pionniers de l'electricite eolienne, Systemes Solaires, janvier-fevrier, No.129, 1999.

(8) Elmuseet(ed), Som Vinden Blaeser, 1993.

(9) F.L. Smidth Co., "Instruction for FLS-Aeromotor", Internal Memo. 7050, April, 1942.

(10) N.I. Meyer, "Some Danish Experiences with Wind Energy Systems", Proc. of Advanced Wind Energy Systems Workshop, Stockholm, Aug. 29-3-, 1974.

(11) Mindre danske vindmoeller 1860- 1980, Denmarks Vindkrafthistoriske Samling 2001, Thy Bogtryk & Offset A/S.

(12) J. Juul, Wind Machines, Proceedings of Wind and Solar Energy, New Delhi Symposium, Paris, UNESCO 1956.

(13) E.Hau, Windkraftanlagen, Springer Verlag, 1996.

(14) P.C. Putnum, Power from the Wind, Van Nostrand Reinhold, 1948.

(15) P U. Hutter, Die Entwicklung von Windkraftanlagen zur Stromerzeugung in Deutschland Bd. 6, Nr.7, BWK, 1954.

(16) H. Honnef, Windkraftwerke, 1932.

(17) F. Kleinhenz, Das Grosswindkraftwerk MAN-Kleinhenz Erweiterter Sonderdruck der RAW, 1941.

(18) H. Thomas, The Wind Power Aerogenerator, Twin-Wheel Type, Federal Power Commission, 1946.

(19) M.L. Jacobs, Experience with Jacobs Wind-Driven Electric Generating Plant, Proc.of 1st Wind Energy Conversion Systems Conference, NSF/RANN-73-106, National Science Foundation, 1973.

(20) E.N. Fales, A New Propeller-Type, High-Speed Windmill for Electric Generation, Mechanical Engineering, Vol.49, No.12, 1927.

(21) A. Betz, Das Maximum der theoretisch moeglichen Ausnutzung des Windes durch Windmotoren. Zeitschrift fur das gesamte Turbinenwesen 20, Sept, 1920.

(22) S.J. Savonius, The S-Rotor and Its Applications, Mechanical Engineering, Vol.53, No.5, 1931.

(23) F. M. Darrieus, Turbine Having its Rotating Shaft Transverse to the Flow of Current, U.S. Patent No. 1,834,018, 1931.

(24) 牛山泉, 風力発電の最新技術, 化学工学, Vol. 63, No. 8, 1999.

(25) 菊山功嗣, 風車の理論, 三重大学地域共同研究センター高度技術研修テキスト, 1999.

(26) 長井浩, 牛山泉, 日本におけるオフショア風力発電の可能性, 風力エネルギー, Vol.22, No.1, 1998.

第 3 章

(1)　太陽エネルギー利用ハンドブック編集委員会(編), 太陽エネルギー利用ハンドブック, 日本太陽エネルギー学会, 1985．

(2)　Van der Hoven, Power Spectrum of Horizontal Windspeed in the Frequency Range from 0.0007 to 900 Cycles per Hour, J. of Meteor., Vol. 14, pp. 160-164, 1957.

(3)　A.F. Davenport, The Dependence of Wind Loads on Meteorological Parameters, Proc. of the Int. Research Seminar on Wind Effects on Buildings and Structures, Ottawa, Univ. of Toronto Press, Canada, pp.19-82, 1967.

(4)　NEDO, 風力発電導入ガイドブック, 新エネルギー・産業技術総合開発機構, 2000.

(5)　本間琢也編, 風力エネルギー読本, オーム社, pp.133-134, 1979.

(6)　J.S. Rohatgi and V. Nelson, Wind Characteristics, Alternative Energy Institute, West Texas A&M Univ. pp.172-173, 1994.

(7)　I. Ushiyama, Theoretically Estimating the Performance of Gas Turbines under Varying Atmospheric Conditions, Transaction of the ASME, Journal of Engineering for Power, January 1976.

(8)　F.W. Lanchester, Contribution to the Theory of Propulsion and the Screw Propeller, Transactions of the Institution of Naval Architects, Vol. LVII, pp.98-116, March, 1915.

(9)　A. Betz, Das Maximum der theoretisch moeglichen Ausnuetzung des Windes durch Windmotoren, Zeitschrift fuer das gesamte Turbinenwesen, Heft 20, Sept., 1920.

第 4 章

(1)　本間琢也編, 風力エネルギー読本, オーム社, pp.125-126, 1979.

(2)　J.S. Rohatgi and V. Nelson, Wind Characteristics, Alternative Energy Institute, West Texas A&M Univ. pp.147-149, 1994.

(3) J.P. Henessey Jr., A Comparison of the Weibull and Rayleigh Distributions for Estimating Wind Power Potential, Wind Engineering, Vol.2, pp.156-164, 1978.

(4) J.P. Henessey Jr., Some Aspects of Wind power Statistics, Jour. Appl. Met. 16, pp.199-208, 1977.

(5) D.T. Swift-Hook, Describing Wind Data, Wind Engineering, Vol.3, pp.167-180, 1978.

(6) G.J. Bowden, et al, The Weibull Distribution Function and Wind Power Statistics, Wind Engineering, Vol.7, pp.85-98, 1983.

(7) R.B. Corotis, Stochastic Modeling of Site Wind Characteristics, Final Report ERDA, No. EY-76-S-06-2342, Dept. of Civil Engg., Northwestern University, p.143, 1977.

(8) W.C. Cliff, The Effect of Generalized Wind Characteristics on Annual Power Estimates from Wind Turbine Generators, U.S. Dept. of Energy, Report PNL-2436, 1977.

(9) 新エネルギー財団計画本部風力委員会編, 風力発電システム導入促進検討の手引き, 新エネルギー財団, pp.13-14, 2001.

(10) 洋上風力発電基礎工法の技術（設計・施工）マニュアル, 沿岸開発技術センター, 2001.

第 5 章

(1) R.E. Wilson and P.B.S. Lissaman, Aerodynamics of Wind Power Machines, National Science Foundation, RANN, Grant No. G1-41840, Oregon State University, Corvallis, OR, 1974.

(2) V. Nelson, Wind Energy and Wind Turbines, Alternative Energy Institute, West Texas A&M University.

(3) L.L. Freris(ed), Wind Energy Conversion System, Prentice Hall, 1990.

(4) 1996D.Le Gourieres, Wind Power Plants, Theory and Design, Pergamon Press, Oxford, 1982.

(5) E.H. Lysen, Introduction to Wind Energy, Consultancy Services Wind

Energy Developing Countries, The Netherland, 1983.

(6) 牛山泉, 三野正洋, 小型風車ハンドブック, パワー社, 1981.

(7) W. Shepherd and D.W. Shepherd, Energy Studies, Imperial College Press, 1997.

(8) D.A. Spera(ed), Wind Turbine Technology, ASME Press, 1994.

(9) B. Soerensen, Renewable Energy, Academic Press, London, 1979.

第 6 章

(1) E.H. Lysen, Introduction to Wind Energy, Consultancy Services Wind Energy Developing Countries, The Netherland, 1983.

(2) D.A. Spera(ed), Wind Turbine Technology, ASME Press, 1994.

(3) R.E. Wilson and P.B.S. Lissaman, S.N. Walker, Aerodynamic Performance of Wind Turbines, Oregon State University, Corvallis, OR, NTIS, USA, 1976.

(4) O. de Vries, Fluid Dynamic Aspects of Wind Energy Conversion, Agard Publication AG 243, 1979.

(5) R.T. Griffiths and M.G. Woollard, Performance of the Optimal Wind Turbine, Applied Energy, Vol.4, pp.261-272, 1978.

第 7 章

(1) E.H. Lysen, Introduction to Wind Energy, Consultancy Services Wind Energy Developing Countries, The Netherland, 1983.

(2) D.A. Spera(ed), Wind Turbine Technology, ASME Press, 1994.

(3) R.E. Wilson and P.B.S. Lissaman, S.N. Walker, Aerodynamic Performance of Wind Turbines, Oregon State University, Corvallis, OR, NTIS, USA, 1976.

第 8 章

(1) L.L. Freris, Wind Energy Conversion Systems, Prentice Hall, 1990.

(2) 牛山泉, 風力発電と新技術, 設計工学, Vol.29, No8, pp.11-16.

(3)   洋上風力発電基礎工法の技術（設計・施工）マニュアル，沿岸開
       発技術センター, 2001.

(4)   Wind Power Monthly, 1990-1991.

第 9 章

(1)   E.H. Lysen, Introduction to Wind Energy, Consultancy Services Wind
       Energy Developing Countries, The Netherland, 1983.

(2)   E. Hau, Wind turbines, Springer Verlag , 2000.

(3)   L.L. Freris, Wind Energy Conversion System, Prentice Hall, 1990.

第 10 章

(1)   日立製作所・日本鋼管・三菱電機，可変速・同期発電機型風車に
       ついて，第 28 回新エネルギー講演会，日本電機工業会, 2000-3.

(2)   七原俊也，海外における風力発電の導入状況と電力システムへの
       影響，電気学会論文誌 B, 120 巻 3 号, 2000-3.

(3)   VESTAS 660kW 風力発電システム, Vestech Japan, 2001.

(4)   IEA Wind Energy Annual Report 1997, International Energy Agency,
       NREL, September 1998.

(5)   風力発電システム第 2 部：小型風力発電システムの安全基準, JIS C
       1400-2(IEC61400-2) 平成 11 年 7 月 20 日制定，日本工業標準調査
       会／日本規格協会発行.

(6)   平成 9 年度調査報告書 NEDO-NP-9707「小型風力発電システムの
       市場形成調査」，新エネルギー・産業技術総合開発機構，平成 10
       年 3 月.

(7)   牛山泉・大津令子，世界と日本の小型風車の動向，第 18 回風力エ
       ネルギーシンポジウム，日本風力エネルギー協会，平成 8 年 11 月.

第 11 章

(1)   J. van Meel and P. Smulders, Wind Pumping, A Handbook, World Bank
       Technical Paper No.101, 1989.

(2)　V. Nelson and N. Clark, Wind Powered Pumps, Alternative Energy Institute, West Texas A&M University, 1997.

(3)　牛山泉，風力熱変換，日本の科学と技術，Vol.27, No.239, pp48-55, 1986.

第 12 章

(1)　風力発電導入ガイドブック，新エネルギー・産業技術総合開発機構, 2000．

(2)　S. Wagner et al, Wind Turbine Noise, Springer Verlag, 1996.

索　引

＜十九劃＞

作者簡歷

　　牛山　泉 (うしやま・いずみ)

　　　　　　　長野市出身

1966 年　上智大學理工學院機械工程學系畢業

1971 年　上智大學理工研究所機械工程專攻博士課程修畢

　　　　　足利工業大學機械工程學系專任講師

1974 年　上智大學取得工學博士學位

　　　　　足利工業大學機械工程學系副教授

1985 年　足利工業大學機械工程學系教授

1989 年　放送大學客座教授(兼任)

1998 年　足利工業大學綜合研究中心・所長(兼任)

　　　　　中國・浙江工業大學客座教授(兼任)

現在擔任足利工業大學校長、上智大學理工學院、慶應義塾大學理工學院、鶴崗工業高等專門學校、國際協力事業團筑波國際研修中心等的兼任教授。

社會性活動：科學技術會議專門委員、經濟產業省新發電標準化委員會風力分科會長、新能源財團風力委員會委員長、新能源產業技術綜合開發機構風力技術委員會專門委員、海洋產業開發協會海上風力委員會委員長、日本太陽能學會理事、能源變換懇談會理事、日本風力能源協會會長等。

得獎事蹟：日本機械學會・畠山獎、國際合作推進協會・學術獎勵獎、國際可再生能源會議"Pioneer in Renewable Energy Award"、日本風力能源協會功勞獎、美國機械學會太陽及革新能源部門功勞獎、日本機械學會特別研究員認定等。

國家圖書館出版品預行編目資料

風車工學入門：從基礎理論到風力發電技術 /
　牛山泉著；風車工學入門翻譯編輯小組. -- 初版.——
澎湖縣馬公市：澎湖科大, 2009. 05
　　面；　公分
參考書目：面
含索引
ISBN 978-986-01-7817-3（平裝）

　1. 風力發電 2. 風車

448.165　　　　　　　　　　　　　98003631

風車工學入門

—從基礎理論到風力發電技術—

作　　者：牛山　泉
審 定 者：林　輝政
翻譯編輯：風車工學入門翻譯編輯小組
　　　　　朱紹萱、林冠緯、蔡宜澂、林　潔、曾雅秀
出 版 者：國立澎湖科技大學
地　　址：澎湖縣馬公市六合路 300 號
電　　話：(06)-9264115-1125
傳　　真：(06)-9264265
網　　址：http://www.npu.edu.tw

初版一刷 / 2009 年 5 月
定價 / 300 元

FUSHA　KOGAKU　NYUMON
© IZUMI USHIYAMA 2002
Originally published in Japan in 2002 by MORIKITA PUBLISHING CO., LTD.
Chinese translation rights arranged through TOHAN CORPORATION, TOKYO.